新悦

遇见智识与思想

［法］**阿兰·杜卡斯** 一 著

（Alain Ducasse）

王祎慈 一 译

Manger est un acte citoyen

吃，是一种公民行为

中国社会科学出版社

图字：01-2017-7019号

图书在版编目（CIP）数据

吃，是一种公民行为 / （法）阿兰·杜卡斯著 ；王祎
慈译. -- 北京 ：中国社会科学出版社，2019.1（2020.4重印）

ISBN 978-7-5203-3634-5

Ⅰ. ①吃… Ⅱ. ①阿… ②王… Ⅲ. ①饮食－文化－
世界 Ⅳ. ①TS971.201

中国版本图书馆CIP数据核字（2018）第273710号

"MANGER EST UN ACTE CITOYEN" by Alain DUCASSE and Christian
REGOUBY

©Les liens qui libèrent 2017

This edition published by arrangement with L'Autre agence, Paris, France and
Divas International, Paris 巴黎迪法国际版权代理

Simplified Chinese translation copyright 2019 by China Social Sciences Press.
All rights reserved.

出 版 人	赵剑英	
项目统筹	侯苗苗	
责任编辑	侯苗苗	桑诗慧
责任校对	周晓东	
责任印制	王 超	

出 版	中国社会科学出版社
社 址	北京鼓楼西大街甲 158 号
邮 编	100720
网 址	http://www.csspw.cn
发 行 部	010-84083685
门 市 部	010-84029450
经 销	新华书店及其他书店

印 刷	北京君升印刷有限公司
装 订	廊坊市广阳区广增装订厂
版 次	2019 年 1 月第 1 版
印 次	2020 年 4 月第 2 次印刷

开 本	880×1230 1/32
印 张	6.5
字 数	106 千字
定 价	36.00 元

凡购买中国社会科学出版社图书，如有质量问题请与本社营销中心联系调换

电话：010-84083683

序 言

通过阿兰·杜卡斯本人，以及他的生活经历、成功轨迹，和所谓的鲜为人知的低谷时期，我们自认为读到了、听到了有关他的一切，但我们错了。你自认为很了解他，但在这本书中，你将发现他的形象与之前了解的截然不同。

2010年6月，当我通过米歇尔·盖拉德[1] 遇到阿兰·杜卡斯的时候，我也是如此。米歇尔·盖拉德计划建立一所健康餐饮厨艺学校，彼时正值项目初期，我同他一起思考沟通交流的相关事

---

[1] 米歇尔·盖拉德（Michel Guérard），1933年生于法国，米其林星级名厨。——译者注

宜。在美食界，盖拉德是个活的传奇。最后，他和妻子克里斯蒂娜一起将学校建在了厄热涅莱班，其建筑外观和谐、内部舒适。

五月的一天，盖拉德打电话告诉我十五位法国大厨发起了一项推广美食的倡议。他们计划设立法国烹饪协会，由阿兰·杜卡斯和乔尔·侯布匈[1]共同主持。米歇尔问我是否能加入这一雄伟的计划。我自幼就热爱美食——我的母亲是意大利人，她做的巧克力慕斯永远都是世界上最好吃的——所以欣然地接受了。

我们开始工作了。法国烹饪协会（Collège culinaire de France）每月聚集一次，每次场面都很活跃。这些知名主厨个性都很强，就像带领他们走向世界美食巅峰的独特人生轨迹一样。很快，我就在阿兰·杜卡斯身上找到一种特别的共鸣。在我们两人的职业中——交流与美食，的确存在相似性。事实上，不论文化、种族和地区，没有人可以不吃饭或是不交流。

我始终相信交流是属于文化范畴的，并且在实践中带有意识形态和伦理色彩。我来解释一下：我有权利选择不与某人进行交

---

[1] 乔尔·侯布匈（Joël Robuchon），1945 年生于法国，是目前全世界旗下餐厅米其林星级加总最多的法国名厨。——译者注

流。但如果我进行交流，那就是尽力地为了让我所说的话能够传递给对方，让对方的感知系统能够正确地阐释我的信息，即与我发出这条信息时的意图和想要表达的意义相符。所以为了保证交流的有效性，我必须关注对方与我的不同，也必须懂得在文化和意图层面，对方的感知系统是如何过滤掉自己不感兴趣的内容的。总之，只有他人真正激发了我们兴趣的时候交流才能顺利进行。

阿兰·杜卡斯的观点则始终来自顾客群体和顾客喜好的多样性。他完全站在顾客的角度，有时甚至令人费解地从食材的角度出发，他可以仅仅通过品尝食物就推断出它们的来源、产地和历史。

我发现我们两个人的世界还有另一相似之处：在交流方面，我们从未像今天一样拥有如此多极其出色的技术，但同时我们碰到的困难数量之多也是前所未有的。辩论不再是思想的交流，而是不同观点的较量，这些通过推特表达的观点十分封闭，而且言辞激烈，不允许人们展开任何深入思考。话语不再有重要价值，因而也就失去了威信。对于美食来说也是如此。我们从未享有过如此多的资源和食材，然而我们的饮食质量却前所未有的糟糕：

对于我们所消耗的食物，我们经常不知道其来源和生产过程，与食物有关的疾病也是前所未有的多。

2010 年夏天，当我见到法国烹饪协会的创办者时，法国美食在他们的努力下刚刚被列入联合国人类非物质文化遗产名录，其中盖伊·萨沃伊 [1] 的贡献最为突出。然而很快我就明白了，对于美食的未来而言，法国乡土以及法国的多样性要比名厨重要得多（事实上，哪个国家的名厨能与法国比肩呢？）。一项关于法国餐饮的研究表明：超过 80% 的餐厅提供的食物大多是由工业化制餐方式制成（加工好的方便食物，在微波炉中加热后即可食用），并且这些餐厅通常没有任何专业烹饪厨师。此外，法国也成为麦当劳这一快餐业"领头羊"的全球第二大市场。

基于上述令人担忧的状况，我向法国烹饪协会建议筛选出所有捍卫这些价值观的"优质餐厅"（Restaurants de qualité）并推动这些餐厅的发展。这些可能是简朴的小餐厅——它们中很多都位置偏僻，也可能是较知名的餐厅，但通常未在美食指南中列

---

[1]　盖伊·萨沃伊（Guy Savoy），法国名厨，在巴黎钱币博物馆内拥有一家以自己名字命名的米其林三星餐厅。——译者注

出。我的建议并不是再为它们创立一个新标签，而是在"受法国烹饪协会认证的优质餐厅"（Restaurants de qualité reconnu par le Collège culinaire de France）标志下开展一项积极、独立、团结的运动。我建议使其成为一项正式的运动并且积极推动其发展。

"优质餐厅"的标签在2013年创立之时就立即获得了成功。评选委员会的大厨将自己的名望和声誉投入到这些专业厨师身上，他们因自己精湛的技艺在每座城市、每座乡村、每间厨房中声名鹊起。近200名大厨因他们的价值伦理观和声誉而被选为评委会成员，他们在全国范围内筛选候选餐厅，之后支持获得这一标签的餐厅的发展。几个月内，"优质餐厅"标签运动推广了超过1000家优质餐厅。无论是工作时间还是私人时间，大部分获得这一标签的餐厅都积极地在它们所属的地区努力着，在本书的不同章节，我们也将介绍这些餐厅发起的运动。

自2014年年底，法国烹饪协会开始筛选"优秀个体户生产商"（Producteurs et artisans de qualité），这样一来，餐厅、生产商和顾客这三者就可以组成名副其实的优质链条了，其目的就是让法国的美食遗产重获新生并且不断传承。

▶▷　新大陆的开拓者

"我们同样可以选择什么都不做！"阿兰·杜卡斯经常这样呼喊。的确如此，但或者我们可以重拾自控力并成为一名负责的、积极介入的消费者。我建议大家在一位不同寻常的开拓者的指引下，一起来探索美食这片新大陆。大概也是因为在还未完全摆脱稚气的年纪险些丢掉性命，阿兰·杜卡斯之后每日都品尝世间美味，并渴望其他人也能兴致勃勃地品味这些美食。如今他相信美食既不是一项专属于精英阶层的乐趣，也不是一种毫无意义的消遣。他说，**吃是一种公民行为**。

当人们问阿兰·杜卡斯他将走向何处时，他总是回答："但我还未开始行动！"这不是假装谦虚，而是一种人生哲学：视野会随着我们的前进而不断开阔。

2007 年阿兰·杜卡斯与格温纳埃尔·盖甘（Gwenaëlle Gueguen）走进婚姻殿堂，在随后的几年中，阿兰·杜卡斯发展了一种新烹饪方式，这种烹饪方式越来越注重食物本质和"全球本地化"。[1] 对他来说，美食能够促进世界的改变。美食的定义最初由著名美食家和烹饪作家让·安泰尔姆·布里亚－萨瓦兰[2]在《味觉生理学》一书中提出："因为人类要进食，那么美食就是一切与人类有关的、包含了人类思考的认识。美食存在的目的就是通过尽可能提供优质的食物来保证人类的繁衍。"从这个定义出发，阿兰·杜卡斯建议我们将美食置于思考和哲学较量、政治较量的中心，思考和较量与日常生活中的每一个人息息相关。

阿兰·杜卡斯描绘了一幅沉重的消费系统图像，我们本来认为消费系统能够解放个体，但事实上，它却逐渐将个体奴役了。农业的产生本不是为了实现高产，而是为了给人类提供食物。但阿兰·杜卡斯并没有止步于批判的层面，他提出了具体的解决措施。为了推动公共政策发展、提高公民关注度、促进经济各领域的结构和社会转型，他倡导人文主义美食普世宣言（Déclaration

---

[1] 全球本地化为英文"Glocalisation"或"Glocalization"的中译，是全球化（globalization）与本地化（localization）两词的结合。全球本地化意指个人、团体、公司、组织、单位与社群同时拥有"思考全球化，行动本地化"的意愿与能力。——译者注

[2] 让·安泰尔姆·布里亚－萨瓦兰（Jean Anthelme Brillat-Savarin，1755—1826），出生于法国贝莱，是职业律师、法官，也是美食家。《味觉生理学》（*La Physiolonie du goût*）是他最著名的作品。——译者注

universelle de la gastronomie humaniste），要想动员"国际社会"——一个由乡土和人民组成的真正的"国际社会"，这项宣言才是出发点。

克里斯蒂安·勒古比（Christian Regouby）

| 目　录 |

第一章

品尝世界

"人类品尝世界，感受世界的味道，并与其融为一体，让它成为自己的一部分。"

——米哈伊尔·巴赫金（Mikhaïl Bakhtine）苏联历史学家

一 声巨大的轰鸣，一片叫喊，随后一切都不复存在了，唯有一片寂静。我是否仍在派伯阿兹特克六座飞机之上？顷刻之前这架飞机还载着我和我的同事，飞向库尔舍韦勒（Courchevel）山区，去考察我的新餐厅——雪中比布鲁斯（Byblos des Neiges）的施工现场。我什么也不知道了。飞行员在哪里？与我同行的伙伴在哪里？我的双眼灼热难忍，只能看到一片白色的天空。我的胃里感到恶心。狂风在我耳边咆哮。一场强烈的阵痛刺穿我的腹部、我的小腿和我的手臂。每过去一分钟，我感到自己的力量就减少一分。我冷，非常冷。一切即将结束。我将要在 27 岁死去，在我如此热爱的大自然中死去。突然，一阵低沉的声音划破了寂静。在我上方，我看到一架桨叶巨大的直升机，它就如一个定点一样盘旋在我上方。缆绳的末端还悬着一个人。我得救了。

许多年后，我始终无法理解，为什么在 1984 年 8 月 9 日这一天，飞机上的其他乘客——包括飞行员和比布鲁斯餐厅经理在内的四人，为什么他们都在这场飞机撞向山脉的空难中丧生了，而唯独我幸存下来。这种曾徘徊在生死边缘的痛苦永远无法被彻底治愈，所以我只能学着适应。当我在医院醒来时，得知自己失去了一只眼睛。我还被告知自己的右脚被截肢了，很有可能再也不能行走。大部分的亲友和同事都认为我的人生无望了，但我仍有选择：要么任由自己被抑郁所吞噬，要么振作起来好好完成我曾与逝者共同制订的计划。所以，在我本该卧床的几个月里，我在头脑中烹饪。我在病床边组织会议，继续推进比布鲁斯工程。我开始构思菜单。我学会了将任务委派给别人，我承认我总是想控制一切。

之后我开始回忆。我回忆起了我的祖母。我不知道我如今是否还能清晰地记起她的相貌，她那被泥土浸成棕色的、温暖的双手，抑或是她曾在我年幼时给我讲过的故事。但她的气味我永远也不会忘记，我在医院的病床上都可以清晰无比地回忆起来。祖母的气味就是她的菜肴的味道。儿时，每个周日早上，我要么蜷缩在拉沙洛斯（La Chalosse）农场的蓝色木质小百叶窗后，享受着被这味道包围的时刻；要么慵懒地躺在床上，任由油封鸭、烤鸽子、牛肝菌的味道萦绕着整座房子，将我浸透。

我家条件简朴。父母都是农民，祖父是木工。自从可以去钓鱼时，我每次都十分骄傲地将潜藏在郎德省南部河流中的鳗鱼、梭鱼和鲈鱼带回来。除了黄油需要购买，其他的食物我们都能自给自足。如果说旅行并未成为我们生活的一部分，菜园倒是为我们提供了形色俱佳的盛宴。洋蓟、四季豆、土豆、小豌豆和新鲜的葱——只要轻轻一撮就能将皮剥下，还有番茄和辣椒，这些食物抵得过世上所有的风景。如今我身上仍带着春天正午时分采摘的新鲜生菜的味道。我将生菜切好，看着白色的汁液流出，再用手指擦去，之后放入口中品尝这独一无二的味道。菜园的土壤用母牛的粪便做天然肥料，这些母牛以周围草坪中的嫩草为食。我们不使用农药，这并不是因为我父亲比别人更高尚，只是因为我们无力购买。

你可能也知道：在一生中，我们会有几次与死神擦肩而过。在山区，我第一次直面死亡。之后，生活给了我一次全新的机遇。我做了十三次手术才死里逃生，用了四年才得以重新正常行走。我并不真正相信上帝，但我相信人。如果我幸存下来，那是因为别人对我的救助和照料。所以，既然我仍存在于这个世界上，用我被赋予的额外时间来做一些事情是我应该表达的最基本的敬意。

我是否表现出了幸存者的傲慢呢？有人说，有时我狂妄自大，野心吞并了我。但我更倾向于说我只是不愿妥协罢了。无论对别人还是对自己，我都是如此。无论是在烹饪中还是在人际关系中，我都不喜欢"差不多"。生命十分短暂，我不满足于不冷不热和平淡无味。我想全身心地投入来品尝生命，正如我想让他人品尝世界一样，即便这可能会动摇他们所确信的事物或者瓦解他们的感官认知。

我不是政客，我只是一名厨师，和你们一样。因为，是的，我们都是厨师。世界就是繁星下一间巨大的田舍餐厅，每个人都滋养着他人，同时又从他人的话语和行为中获得滋养。如果我作恶，我不仅会毒害自己，同样也会毒害自己的同胞。如果在知情的情况下，我没有阻止一桩恶行，我也就同样毒害了我们所有人。哀叹时代是一件事，在财力和能力范围内投入行动就是另一件事了。在这个动荡的时代，种族冲突、恐怖袭击和呈上升趋势的极端运动都在向人类多样性说不，但我仍愿相信，推动那些一眼看来就很简单的行动的发展，比如通过烹饪来探索味道，是人类共享的方式之一。这并不会终止战争，也不会终止地球上长期存在的、人类策划的种种破坏。但若什么都不做一切只会更糟，难道你不这样认为吗？

味道革命正在进行

应该通过细微的接触来一直刺激味道、尊重味道、体现出味道的价值，绝不应该在味道中弄虚作假或是使味道发生改变。对我来说这是个伦理问题。为什么这么说？因为味道来自土地。

至少在"二战"之前是这样的。自 1945 年起，食物生产开始了工业化进程。随后这种现象不断扩大，以致最初的食物和食物的最终消费者之间完全失去了联系。20 世纪 70 年代初，一些年轻的法国厨师从国外旅居归国，其中包括保罗·博古斯[1]和米歇尔·盖拉德，他们坚定地反对使用我们祖母常用的布满黄油的双耳盖锅。以下为他们的信条：重新赋予味道高贵的地位，使用新鲜和优质的食材；不要过度烹调，绝不腌泡、发酵、加调料长时间储藏，或是使用浓稠的酱汁；菜单简单化，不要不顾一切地追求现代主义，菜肴不能有虚假成分，充满创造力……新潮烹调（la nouvelle cuisine）由此诞生。如今，即便仅仅10家企业就生产了世界上26%的包装食物，我仍相信我们就要开始一场新革命了。烹饪界传来的新风尚证实了这一点，此外，很不幸的是，近些年饮食方面不断出现的丑闻，也证实了这一点。

---

[1] 保罗·博古斯（Paul Bocuse，1926—2018），别名"保罗先生"，是一位出身里昂的法国主厨。他是"新潮烹调"的创始人物之一，并曾在1961年获法国"最优秀职人奖章"，又在2004年创办厨艺学校。他在里昂开办的餐馆自1965年起至今，连年被评为米其林三星等级。——译者注

我们真正开始了"饮食转变"

蒙住双眼是没有用的：所谓由文明造成的健康问题和疾病——肥胖、高胆固醇、糖尿病、一些有地区性发展趋势的癌症——很大程度上都是由工业化食品造成的。此外，这种营养价值不高、"美味的"合成香料含量高的饮食会令人产生可怕的依赖——对统一和标准化味道的依赖，这样，食品加工业就可以大规模售卖了，并且获利十分可观。

曾经，消费者准备好了要狼吞虎咽地吃掉所有提供给他们的食物，然而这个时代就要结束了。在社交网络上，如博客或是论坛，对工业化食品抗议声音的增多证明了这种意识的觉醒。几年前一些有趣的体验现在又重新流行起来：农场直销、土食主义[1]、在产出地自由采摘、每周售卖一篮本地新鲜且当季的食物……人们追求的是尽可能地靠近食物的源头——一种健康而真实的食物。

　　这些新兴品味者的出现代表了一种重要的能量，而这种能量正是我想要极力传递的。是的，我们要重新学会吃。因为吃好，是对自己的尊重。如果我尊重自己，我就能更好地尊重我周边的环境。对于我们每个人来说，吃除了是一种要维护的伦理道德，还是一个健康问题、文化问题、社会问题。有人反对说，对我来说提出这样的原则当然容易了，因为我的一些餐厅就在豪华酒店中。这样回应可以让那些不知趣的人立即闭嘴：吃好和购买力无关，吃好首先是一种认识、一个学习的过程、一种行为。每个人都能学会选择优质食物——任何价格区间都能找到优质食物，学会辨别我们身体需要的营养摄入，学会花点时间好好吃饭并让每顿饭都具有仪式感。

---

[1] "土食主义"[英语为"locavores"，由"本地"（local）和"吃"（vore）两部分组合而成]是欧美一些国家的新生活潮流，鼓励人们节省矿物燃料，放弃千里迢迢运来的超市食品，转而在住所周边搜寻新鲜的菜、果、肉、蛋等本地食品。——译者注

学会吃得可口而健康

花 400 欧元在一家米其林三星餐厅吃得可口而健康是非常容易的。你在这里可以找到用稀有食材精心制作的菜肴、清淡的料理、精致而诱人的菜品，在这个复杂的框架下，一切都有竞争，为的是带给你精妙绝伦的体验。但在学校的食堂里，没有父母的陪伴，周围都是同学的笑声、哭声、尖叫声，若想在这里花 1.3 欧元吃得可口而健康无疑是困难的。

对于很多一整天都要工作的家长来说，将孩子留在食堂吃饭是很让他们心疼的，因为知道孩子可能什么都不吃，或者说即便吃也只能吃到食堂里不干净的东西。"要是饿了就吃点面包，不要吃肉"，一些家长这样嘱咐孩子，他们很痛苦，也已经不对食堂抱有什么希望了。放学后，食堂的饭菜是大家经常讨论的话题，有时甚至会引发夫妻争吵。因为学校的饮食面临这样一个挑战：如何普及优质菜肴。

几年来我和我的团队一直在集体餐饮领域提供咨询服务。学龄儿童和生活在养老服务机构的老人越来越多，如今集体食堂的数量已逾 73000 家，每年为 30 多亿人供餐。在法兰西岛的学校食堂中，每天有 13 万幼儿园和小学的儿童在学校用餐。我们的目标是为儿童提供他们喜欢的营养餐——这是个很难实现的目标，因为我们知道一般来说薯条比水果更吸引儿童！

本着这个目标，我们在细节上下了很多功夫。以酱汁为例。传统上，在集体食堂中酱汁是用奶油炒面糊制成的——即面粉和黄油混合后煮成。但实际上，黄油经常被油甚至水代替。水中加入面粉成果却并不令人满意：既不美观，也不美味，还不太容易消化。于是我们使用小麦面粉，这样可以将成品快速冷却，同时减少脂肪含量。从营养学角度看，没有比这更好的做法了。

水果也是我们的着力点之一。健康饮食标准建议儿童至少每两天要吃一个水果。但是，对于一个五六岁正在掉乳牙的孩子来说，一整个苹果几乎不具吸引力，通常这个苹果最终也是被扔进了垃圾桶。为了解决这个问题，我们想到将水果混合在一杯饮品中，这样用一根吸管就可以同时饮用饮品和水果。这很简单、很有趣而且可行！本着同样的精神，我们尝试通过新的、有些大胆的味道来唤醒儿童的味觉，如甜菜味的蛋糕或印度酸辣酱。

当然，如果说可以要求学校食堂对学生就味道方面进行教育，那回到家后这项教育就不一定能继续了。在饮食方面，一切都从儿童时期开始——这句话说多少次都不为过。儿童的饮食应该是多样的：不太咸、不太油腻也不太甜，多吃蔬菜。但不幸的是他们的自然倾向——很大程度上由食品加工业的市场营销操控——却是完全相反的：他们喜欢甜食和咸的食物。如果你认识一个吃西兰花会像看到最新一集《蜘蛛侠》一样开心的孩子，请把他介绍给我！

在家中，为了克服这些坏习惯，就需要把本来不是很吸引人的东西变得有吸引力。在由全球化生产供给的大城市中，人们已经不再了解土地的节律了，但土地节律对我们的生物平衡是至关重要的，对孩子来说更是如此。然而，的确有方法让我们可以了解这些节律并且教孩子顺应这些节律——例如，只让他们吃住所周边种植的新鲜水果，或者用蜂蜜代替糖。

其他的窍门可能会让礼仪指南类书籍的作者火冒三丈：采用游戏的方式，游戏的教育功能是众所周知的。这样我们就可以说，在吃饭的某些时候，"用手吃是更好的"！用手吃饭而不用餐具对孩子来说是一件乐事：他们会感觉从教育的束缚和严格的社会规范中解脱出来了。我们同意让孩子放松一些，以便发现新的口感和新的味道。就我个人来说，我从未停止用手指偷摘一点农作物，从未停止细嗅、触摸……阿兰·巴拉东（Alain Baraton）是凡尔赛特里亚农宫和大庭园的园艺主任，他说我对菜园来说是个危险因素。为什么孩子就没有这种自由呢？当我们6岁的时候，用手指摘下小豌豆或者扁豆并不是一场悲剧！

即便我们并不富裕，但是精心装盘、完美呈现，而不是一味追求速度不顾质量，这将会改变一切。不要忘了孩子们喜欢漂亮和色彩丰富的东西。如果你用创意的方式将水果切成小块并且精心摆放，你会看到他们露出的笑容，而且好奇心会驱使他们品尝。比如，你可以用一个猕猴桃和几粒葡萄做一只小乌龟。将猕猴桃切成两半，并将每部分的半圆朝上摆放。一粒白葡萄做乌龟的头，一粒切成两半做乌龟的爪子。最后再用一小块葡萄做尾巴，两粒葡萄籽做眼睛，然后就大功告成了！为了这个作品可能"浪费了"几分钟，但如果你的孩子主动吃掉这个甜点，那一切都值了。此外，这是在为后代的健康而努力，这种做法无疑也会将水果的味道传递给他们。

在菜肴中加入生活、加入想象、加入自由，就是在培养对味道的敏锐感觉。正是本着这种精神，杰罗姆·拉奎森尼耶（Jérôme Lacressonnière）——一位在美国四年，东京六年，巴黎七年的大厨和保罗·内拉（Paule Neyrat）——厨师与营养学家的孙女，才会帮助我撰写《天然、简单、健康、可口：婴幼儿美食》[1]一书。这本书教给家长一些简单、健康并适用于儿童饮食多样化不同阶

---

[1]　Alain Ducasse, *Nature : Simple, sain et bon : bébés,* Les éditions d'Alain Ducasse, 2009.

段（从6个月到3岁）的菜谱。我们从常见且价格实惠的食材开始，从只含有少量脂肪、盐和糖的有机食材开始，从易于制作的菜肴开始，一切都是为了孩子的健康。

　　我们的理想就是尽可能地让大家多吃自家的饭菜，这首先是为了清楚地知道孩子们吃的究竟是什么，之后就是要唤醒孩子对味道的感知。唤醒对味道的感知既要通过食物的混合也要通过每日变换的佐料——即便是在最好的方便食物中也见不到这些佐料。我们应该帮助那些在寻找能将营养均衡和口味独特相结合的菜谱的家长，这些菜谱在儿童的味道发现之旅中起着至关重要的作用。要教给孩子如何破译食物传递的信息，这是十分重要的。放任孩子受广告的摆布——广告完全是食品加工业的天下，在我看来这是应受谴责的，即便这不会影响孩子对世界的认识，也对他们的健康成长和文化认知有害（即会形成错误的文化认知）。为了对抗这种无处不在但却非常有害的影响，父母应时刻警惕，并教会孩子如何用五种感官来品尝食物：闻到芳香、倾听烧煮、触摸食物、看到摆盘、辨认味道。

　　事实上，和其他的感官一样，味觉会随着我们的成长而不断进化。从几个月大开始，孩子的饮食就应该是多样的，并且应该能够体验到味觉（咸、甜、苦、酸）、热度、嗅觉、听觉（无论是不是嚼起来有声音的食物）和触觉（体积、硬度）的交替。所有这些日常的动作都带有美食教育的意味。让孩子对味道越来越敏感，就是在潜移默化地告诉他们：多样而均衡的饮食是必不可少且十分重要的。什么都吃会给孩子带来他们成长所需的营养；细嚼慢咽能使食物充分地释放味道，便于之后细细品味。

总结一下，味觉训练需要通过一系列行为和态度：健康、美味和多样，同时要以有趣的方式摆盘、要有利于表达自我，还要表现出菜肴的内容……这些因素将是伴随一生的烹饪文化的基础。

不要等孩子长大了再行动！从 18 个月起，他们就已经可以享用食物、坐上大人的餐桌了，而此时他们就会把美食与永不磨灭的家庭时光联系在一起了。当然，前提是不在电视机前吃饭……当我们得知 29% 的 3 岁儿童在电视机前吃饭，而且肥胖儿童的比例与这个数字相同的时候，我认为这是个有些令人不安的巧合。

从 7 岁开始，孩子就更加灵活了，他们会对食物更加好奇，渴望品尝自己不认识的食物。同样他们也可以分析味蕾的反应和口中的感受，由此可以开启一场真正的品尝之旅。7 岁也是孩子开始模仿成人餐桌行为的年龄——正确地使用餐具，欣赏饮品的芳香，参与餐桌上的交谈……

除去餐桌上的食物，餐桌还是一个很有意义的学习社交的场所——这一点我在后面会谈到。我们是怎样的人、经历了什么，这些都会在饮食方式中有所体现。这就是为什么味觉教育不能仅仅通过家中的饭菜来实现，将孩子带到餐馆中同样有利于培育他的饮食文化。只要精心选取餐厅，你就可以在那里教他品味菜肴，但同时也要非常关注食物的源头和质量，你还可以在餐厅中唤醒他一系列的兴趣，如对餐厅氛围、装潢的兴趣，对交际、餐桌礼仪的兴趣，对餐厅接待处、对大厅工作人员以及其他客人的关注……当谈到孩子的味觉教育时，有一件事是确定的：饮食文化首先通过实践来培养。要想热爱食物，就要细嗅、触摸、品尝、理解、欣赏食物。

本着学习和传递的精神，我们和万千传媒公司[1]一起以网站的形式成立了一个味道学院（Académie du goût）。这个平台的使

[1] 万千传媒公司（Webedia），创立于 2007 年，是法国一家在线媒体公司。——译者注

命就是成为美食领域的维基百科，并且进一步面向全法国、走向世界。味道学院强调法国烹饪技艺，提供了数千种大厨的菜谱。在平台上我们可以看到许多烹饪视频、一本烹饪调料词典、好餐厅的名录……我们的目标是推动法国美食获得更多认同、推广其多样性，更是传递法国美食的标志性特征——创新的传统和能力，这一切都是为了督促厨师的成长。在集体餐饮领域，我们应该牢记上述内容，这样我们才能理解：并不能因为服务对象数量庞大我们就任由自己在食物质量方面、在食物准备过程中、在摆盘美观方面降低标准、不那么用心。

老年人常食用搅拌在一起的食物——糊，基于人口老龄化的现状，糊的味道也成了一个重要的问题。有两个选择。要么将所有的配料都混合在一起：样子会很丑、呈浅棕色、让人一点胃口都没有。此外，这种糊会给其食用者一种自身健康状况江河日下的感觉。所以，有些老人放任自己日趋衰亡而不再吃这种食物，也就不足为奇了。要么将配料分开搅拌并将它们优美地摆在盘子中：这样外观与味道俱佳。即便我们开始老去但仍然要保持精力，做到这一点同样要从吃饭开始。

仔细思考前述内容，我们就明白厨师要根据遇到的不同年龄人群的特定饮食问题接受培训，这是非常重要的。要为儿童或是脆弱人群提供饮食就意味着要全身心地去感受这些人群的状态，以便更好地理解他们的需求。当我们生病了或是开始衰老，世界通常就缩小成了一个狭窄的空间——有时就是一间病房，或是养老院中电视区、食堂和床三点间的来回踱步。对于这些人来说天空不过是透过窗户隐约看到的一小块蓝色，让他们在自己这片空间中多活动一些，就是用心关注他们对生活的渴望。这也是承认，终有一天我们也会成为他们的样子。

多亏了我的祖母我才明白了这一切，之后的病床生活加深了我对这些的领悟。我永远都不会忘记这些感悟，现在轮到我来向你传递了。

第二章
吃意味着什么

"生活中有三件重要的事情：第一件是吃。剩下的两件我目前还未发现。"

——孟德斯鸠

❝ 我们陷入了包围圈……只能在树林里和沼泽地中迂回。我们只有吃树叶、吃树皮、吃草根。我们一共五个人,其中有一个是刚刚加入不久的男孩。一天夜里,睡在我旁边的那位对我小声私语:'反正那个孩子已经半死不活,迟早都要死的。你懂的……''你是什么意思?''人肉也是可以吃的,这样大家都有得救。'❞[1]

这是一个男人的故事,他曾在苏联参战,后来

---

[1] 斯韦特兰娜·亚历山德罗夫娜·阿列克谢耶维奇:《我是女兵,也是女人》,吕宁思译,九州出版社 2015 年版,第 428 页。

将这段亲身经历讲述给了斯韦特兰娜·亚历山德罗夫娜·阿列克谢耶维奇——诺贝尔文学奖得主。当我重新读到这个故事的时候，我惊恐得不知所措。因为通过仪式让人暴露出已经基本被文明驯服的、最原始的冲动，这是战争、是恐怖体制的本质特征。个体及种族的存活事实上是符合达尔文的逻辑的：要么主动吃，要么被吃。而数十万年前，人类正是为了不吃掉同类才开始埋葬死去的人。

尽管法国近年来恐怖袭击频繁发生，我们还是幸运地生活在一个不是每天都有战乱的国家。我们十分幸运，但却在一个奇怪的悖论中斗争：我们越少挨饿，越意识不到吃的含义。我们进食之时已经不再思考吃的是什么了。

如今的社会食物富足。但总的来说，我们吃得太多了而且吃得不好。消费社会把我们引向量的不断积累。在饮食方面，我们被鼓励将自己"填满"，如果是自动地、上瘾地那就更好，因为这样就不用思考了。今后问题的关键在于要少吃一些，但吃得好一些。应该重新学会思考吃什么。如果我们决定少吃一些，有限的食物就会促使我们更好地思考吃什么才会带来更多乐趣。

如果说世界上最敏锐的美食家是那些挨饿的人，这无疑是荒唐的。法国拥有着星级餐厅，但世界上却有数不胜数的人因饥饿死去，此时为食物短缺辩解是不妥当的，甚至是愚蠢的。这并不是我的意图。但当我在路边看到孩子一哭大人就把甜酥面包塞给他们，看到青少年在快餐店的橱窗后面掩饰着生活的困苦，看到成年人在餐厅最靠里的位置被孤独吞噬着，看到老年人迈着缓慢的步伐走到杂货店买食物——我猜想这可能是他们每天唯一出门的时候，我很伤心也很生气。吃不是贪婪急促地吃、不是狼吞虎咽地吃、不是仅仅填饱肚子。吃是一种以生存为目的的日常行为，但同样还是一种社会和公民行为，只不过我们已经逐渐将其意义、感觉和内涵丢弃了。重新拾起自控力，并且拥有健康、文化、经济、环境和社会问题的意识，这对每个人来说都是必需的同时也是一项重要的责任。

稍稍离题，谈谈精神分析法

欲望来自缺乏。如果我始终拥有而且拥有很多最初我梦想得到的东西，很快我就不会再向往、再渴望这些，甚至还会感到反感。这就可以让我们逐渐理解婴儿的心理特征了——为什么当我们还是婴儿的时候，为了接触世界我们会张开嘴。

要理解这点，我们需要稍稍离题一下，谈谈精神分析。西格蒙德·弗洛伊德（Sigmund Freud）在《性学三论》中首次提出如下观点：母乳喂养不仅是母亲用乳房喂养婴儿，在吃奶的过程中婴儿还会体会到一种愉悦，而这种愉悦不单是填饱肚子。喂养婴儿，既是事实上的喂养，但更是心理上的喂养。给孩子食物，就是给了他们情感和爱的纽带。如果婴儿感觉到他没有得到母亲在心理上和情感上的关爱，很快他就会扭过头去不喝母乳了。但这绝不意味着母亲应该忘记自我，忘记她们作为女性的生活，全身心投入到孩子的喂养中。无论母亲为孩子付出多少，她都不可能永远陪在孩子身旁：母亲总会有缺席的时候，因为她的精神生活是独立于孩子的精神生活的，孩子也不知道她在哪儿、何时才会回来。若孩子觉得这种缺失是难以承受的，这将是他们主观上自我成长的机会。因为如果有另一个人始终黏着我们，那我们怎样才能成为一个自主的个体呢？如果孩子在任何时候，无论白天还是黑夜，总有奶瓶挂在嘴边或者总是在吸食母乳，甚至这都不是孩子主动要求的，那孩子怎么会知道什么是饥饿呢？

　　英国精神分析学家唐纳德·温尼科特（Donald Winnicott）告诉我们，一个好的母亲是一个"good enough mother"，即足够好的母亲。他说，母亲不能完全满足孩子的要求，让孩子感受到缺失、产生愿望，这是完全可以的。好的母亲不是"一味给孩子填满肚子的"母亲。对我个人来说，我更偏向说"足够好的父母"，因为在我看来这更符合当代家庭的结构。孩子需要时间来看、闻、品尝食物，而足够好的父母应该尊重孩子对这段时间的需求。当父母把一勺胡萝卜泥举在半空中，而孩子固执地拒绝时，的确很难做到有耐心！但永远不要忘记，总有一天你们两人的位置会发生转换。这样就可以使事情相对化了。

对孩子来说，"将食物放到嘴里"是需要时间的。为什么？因为孩子首先是通过嘴来认识世界的。认识世界，就是品尝、消化、吸收世界，为的是之后孩子可以将世界用言语表达出来。当孩子第一次发现除了奶瓶中的奶和母乳外还有其他的食物而喃喃学语时，即便父母已经筋疲力尽，对他们来说也没有比这更好的回报了。这是一场伟大冒险的开端！

重拾自控力

电视、智能手机和电脑是我们最大的敌人，我们在屏幕前吃饭，一边贪婪地盯着屏幕一边将自己塞饱，很少将目光转向自己的盘子。原因很简单：我们已经不再注意自己吃什么了。甚至有时，我们都注意不到自己已经饱了。所以现在重要的是重新关注自己真正的需求和渴望，而不是被下意识的行为所支配。听取身体传递的信息也是至关重要的。无论在哪里，不管午饭只有一个三明治还是和朋友一起坐在餐桌旁，不管我们只有十分钟还是有两小时来吃饭，要不要闲聊完全取决于我们自己，即便闲聊的时间很短，这也是为了我们能重新拥有充足的时间来吃饭。我们应该学会给自己，也给将要品尝的食物预备充足的时间。认真地吃饭意味着精心选择自己的食物。吃不是为了"填满肚子"，而是将每一口食物都像第一口一样品尝，感受它的味道、口感和源头。吃同样也是观察我们周边的环境和装饰。

只要我们在意自己吃的是什么，吃的乐趣也会成为促进健康的因素。所以，当你想吃甜食的时候，你要习惯去吃个成熟多汁的当季水果。当你需要脂肪的时候，你可以选择鲑鱼或牛油果。不要忘记所有这些都会直接对你的身材产生影响。吃得慢些会让你重新体会到自身的感觉，这些感觉会自然而然地让我们了解到自己真正的需求。

你对我说，问题就在于每天大部分时间都要在电脑前度过，休息吃饭的时间只有手表上精确的三十分钟！在这种情况下，怎样才能认真地吃饭？当预算很紧的时候，怎样精心地选择食物呢？我要重新说：即使预算不多，用简单而悦目的食材准备一盘好看且色彩丰富的饭菜，这已经足够了。花点时间，哪怕只是几秒钟，来品味每一口食物吧，不要狼吞虎咽、不要不嚼而咽、不要什么都没有感觉到就结束用餐。如果你不得不在电脑前吃午饭，至少吃完后要出去围着周围的房屋绕一圈消化一下，之后再回来处理紧急事情。

"杂食者的悖论"

上述用餐方法不仅会增强我们的自主性，还将我们变成环境的参与者。这样我们就可以更关注、更尊重我们自己吃的和给亲人吃的食物。选择不再吃某种海产品或某种肉，因为它们的源头难以追溯；停止购买一种濒临灭亡的鱼或是转基因蔬菜，这些都是强有力的行动。从这个角度说，吃是一种公民行为。

专注于人类饮食方面的社会学家克洛德·费席勒（Claude

Fischler）在其作品《杂食者》[1] 中提出了"杂食者的悖论"的概念。我们可以在塞西尔·多尔蒂－比加尔（Cécile Doherty-Bigare）的博客学识殿堂[2] 中找到对这个概念非常贴切的总结，我觉得她总结得异常有趣："人类最基本的特征之一就是杂食。经历这种物理和心理状态并不像我们想象的那样简单。诚然，人是杂食的，人难以在地球提供的丰富食物中做出选择。这种特征代表着自主、自由和适应性：与只吃特定食物的物种（食肉动物、食草动物）不同，多样的饮食带给杂食者一种极其珍贵的能力——生存，所以他们可以适应环境的变化。但杂食者身上有一种根本性悖论——而这种悖论正是源自这种自由，即杂食者依赖于多样性同时又被多样性所限制。因为如果从生物角度看，人类无法从一种食物中获取所有所需的养分，那他就成为多样性的奴隶。"

费席勒说，我们对多样性"成瘾"了，不得不坚持不懈地寻找多样性。我们不断研究、不断探索；想要多样性、想要变化。但同时，我们却沉迷于习惯无法自拔。这种对于习惯的需求源自

---

[1]　*L'Homnivore : le goût, la cuisine et le corps*, Éditions Odile Jacob, Paris, 1990.

[2]　学识殿堂（le Palais savant），网址：http://www.lepalaissavant.fr/.

一种远古的行为：对新石器时代的人来说，所有未知的事物都会首先被看作潜在的危险。

那么怎样缓解这种紧张状态呢？费席勒、多尔蒂－比加尔以及一些其他研究者找到了一种可能的解决方案："为一个群体创造一种饮食文化。我们选择食物的方式、烹饪方式、严格的搭配或区分方式，这些都与我们的饮食文化息息相关。根据地区、时代和可用资源的不同，饮食文化有上千种。正是在这一整套规则、行事方法和分类中，人类才能找到饮食上的安全感和太平[1]。不会再有疑问和饮食上的不稳定，因为我们的文化是在已检验和证实的规则基础上所建立。所以，进食者并非唯一吸收了与食物相关的养分和价值。换言之，是相关饮食系统将进食者纳入自己的体系了。"

顺着这种逻辑，我们可以将饮食系统看作一种世界观，甚至是宇宙观，从而进一步思考："人在一种文化内吃一种食物，这种文化支配着其周边的世界。饮食系统在我们的社会中发挥着这种

---

[1]　"太平"与安全感意义类似，意为在饮食系统中不用再无休止地去探索，且在此体制内一切都是安全的。——译者注

作用：确定人和世界在全球整体中特定位置，并由此来赋予这两者以意义。"

吃，同样是接受食物从外到内的过程，是不断吸收的过程："吸收一种食物并不是无足轻重的，它同样意味着在现实和想象两个层面吸收食物的特性：吃什么，我们就是什么。从生理学角度说，这是因为食物中营养物质的作用；我们还会把一些表现形式和食物相联系，从这些表现形式和想象的层面来看也是同理。我们在几个所谓的'原始'社会中找到了这一特征：吃过动物的肉或者人肉之后，人就获得了这种动物或这个人的身体和精神／智力特征。比如，有些战士不吃野兔或是刺猬，因为他们怕失去勇气或者在危险面前退缩。"

走近饮食群体的象征体系

为什么有些人喜欢牛肉而另一些人讨厌牛肉？有的人讨厌芹菜，有的人讨厌香菜，这种厌恶来自何处？为什么法国人如此喜爱蜗牛，而英国人偏爱水煮食物呢？我们饮食上的喜爱和厌恶、热情和烦扰都来自何处呢？

为了尝试解释这些饮食上的怪癖，费席勒不仅查阅了人类学相关知识，也了解了生物学和社会学。让·安泰尔姆·布里亚－萨瓦兰有句名言"告诉我你吃什么，我就告诉你你是什么样的人"，这句名言很好地总结了我们的身份和食物间的关系。在每种文化中，都有围绕进食形成的惯例，这些惯例既涉及食物的烹饪方法也涉及食物分享，即饮食习惯和餐桌礼仪。例如，一杯酒配上一些小食，这是非常法式的开胃菜。在塞内加尔，如果吃饱了，就应把勺子放在盘子的边缘，正面朝下，尤其应注意的是要起身离开，给其他客人留出更大的空间。在毛里塔尼亚，用手吃饭是非常受推崇的，但在中国这样做就会给人留下不好的印象，因为在中国吃饭一定要使用筷子。若你是犹太人，你吃的大概就是符合犹太教规的食物；若是穆斯林，你吃的就是清真食品；如果你是天主教徒，在复活节的时候你会做羔羊肉；你要是意大利人，你做面食的方式就会和法国人、韩国人不同。

吃什么反映出你是什么样的人以及你不是什么样的人。在一些食堂中，就像我所了解的那样，一些学监不假思索地告诉信伊斯兰教或犹太教的孩子不吃火腿是不对的，对于这种现象我们该怎么看呢？

停止烹饪标准化！

食物让我们学会了解自己、了解他人。现在我们还能通过典型的饭菜辨认出地区和人口——我希望很久之后仍是如此。这种多样性是对抗食物统一化的堡垒。我们都知道面食是意大利的民族特征之一，德国则是香肠和啤酒，美国是汉堡，亚洲国家是米饭，法国是法棍和红酒。这种将我们与食物联系起来的身份的力量表现为对某些食物强烈的拒绝或是热烈的喜爱。想想法国人吃蛙腿和马肉，但这对于英国人来说可是真正的罪过。

　　每个社会，每种文化都有自己的仪式，有允许食用和禁止食用的食物，甚至还有启蒙食物。从一出生，孩子就要学习支配着社会群体的饮食和烹饪法则。例如，在西方国家，人们不用手吃饭，不在餐桌上打嗝，但在其他地区这些行为是对精致菜肴的最高赞美，这说明饭菜是十分可口的！

　　克里斯蒂安·雷基亚（Christian Recchia）是社会展望学农业健康方向的研究员，心血管研究院（Institut du Cœur）饮食健康委员会秘书长，他提醒我们："不到一个世纪之前，约 200 种不同的食材构成了人类饮食的'基础原材料'。我们会在烹饪不同菜肴的过程中见到这些食材，如古斯古斯面、豆子炖咸猪肉、亚洲菜、西班牙海鲜饭、番茄肉糜意面、辣豆酱、蔬菜蒜泥浓汤、蔬菜炖母鸡、春蔬炖羊肉。数千年来，这些源自不同文化的传统菜肴有个共同点：为我们的细胞提供了再生和修复的多样化养料。此外，由于这些养料的多样性和内在特征，它们在生理上相互补充，这种互补性是机体细胞不断进行新陈代谢必不可少的因素。1945 年以来，新形式和许多地缘政治变动导致这些古老的习惯发生根本性改变。食物越来越单一，先辈的菜肴被忽视了，破坏了原有饮食结构的食品成为焦点。"

针对瘦身餐的横行我们又该说什么呢！要么只吃大量蛋白质，完全不吃水果和谷物，要么一周内只喝菜汤，要么禁食，要么只吃水果不吃蛋白质……许多科学家都指出这样并不能瘦身——至少是那些没有参与这项日益流行的活动的科学家。瘦身餐应该仅仅针对肥胖对健康造成威胁的人群，并且应该在患某些疾病时由医生开出。因为对于我们中的绝大多数人来说，瘦身餐从长期来看无效（体重反弹）且有害（缺乏营养）。瘦身餐会扰乱我们生理调节的自然系统，造成纤维、维生素和矿物质的缺乏。它们会使我们的能量新陈代谢系统产生彻底的变化，一旦停止瘦身餐，身体就会"报复"：体重反弹是不可避免的，甚至还会有"奖励"——与最初相比体重可能还会高出几千克。

我们的机体是杂食性的，这就意味着为了正常运转，身体需要每日多样、有节制和规律的饮食。与其让自己挨饿，只为了身材能更接近某个模特或当红演员——当然这将是徒劳的，不如走进体育馆或者一周去跑两次步，再或者只是像世界卫生组织建议的那样每日步行一万步。如果你自己住，并且没有钱去餐厅吃饭，那就勇敢地拿起电话，偶尔邀请朋友来家里吃饭，还可以一起做饭。如果你觉得抑郁和焦虑使你暴饮暴食并且吃得不好，去和心理医生谈一谈并不是什么羞耻的事情……

　　在身体上，每个人都应该定义自身的平衡并尽力建立，用适合自己个性、生活方式和周边环境的计划代替过于严苛的限制。与其日复一日地"围捕"卡路里，不如寻找身体的长期平衡。

学会从味道中感知乐趣

我深信这些有害的机制并非不可避免。一定有每个人都能实行的解决措施。比如，学会从味道中感知乐趣。这扇秘密之门通向我们和周边世界之间的另一种关系。观察一种食物，改变它的外观，聆听烹饪的声音，闻它，品尝它，食用之前稍等片刻，这使我们在充满欲望和感官刺激这样一个特别的时刻安坐下来。帕特里克·麦克劳德（Patrick MacLeod）是神经生物科医生，前高等研究实践学院（École pratique des hautes études）感觉神经生物实验室主任，味道中心（Institut du goût）负责人，他经常说："味道在口中，而不是在盘子里。"他让我们区分"某物的味道"——取决于舌头上的味觉感受器和鼻子——和"某群体的口味"，这是一种后天获得的，是一个国家居民共同的味道喜恶，与他们共同的教育和文化相关。

我们的舌头可以区分五种味道：甜、酸、咸、苦和鲜（一种很重的味道，与肉汤的味道相似）。

每个人都拥有大概一万个味蕾，它们不只分布在舌背，也分布在软腭、咽部和食道上半部分。味道，是所有舌头感知到的滋味，鼻后嗅觉感受到的气味（所以在感冒的时候，我们的嗅觉就没有那么灵敏了），是三叉神经对辣味（胡椒）、对产生灼热感的食物（辣椒、姜、酒精）、对冒泡食物（各种含气饮品）以及对涩（例如含单宁酸的红葡萄酒）的反应。所有这一切都会在大脑中形成一种表现形式。制造等待的视觉、探测味道的直接嗅觉（咀嚼过程中感受到的不同香气）、手指皮肤的敏感（当我们触摸食物时）和热的感觉，最后还有听觉（感知到吃和吞咽时发出的声音，还有炖菜或者烤肉的声音……），这些都会补充刚刚提到的大脑中的表现形式。

要想让所有的感官信息都聚集在额叶，以便形成多重感官图像——即对食物的认知，那么就还需要另一种表现形式。

我们对气味的感知来自感官：嗅觉——布里亚－萨瓦兰不是说过："对于未知的食物，鼻子总是发挥着前哨的作用，它会大喊道：谁在那里？"视觉、触觉、听觉。神经系统科学也已经充分证明我们的大脑会激活大量情景、记忆和文化联想，这些联想会影响我们的食物偏好和面对食物时产生的情感。所以品尝一道菜时，我们感觉到的味道和饭菜留给我们的味觉记忆是由几个因素共同决定的：不仅是菜的味道、颜色、外观、质感、烹饪时的声音或是我们咀嚼饭菜时发出的声音，更是我们吃饭时的物理和心理环境。同一道菜，地点、时间不同，或是共同吃饭的人不同，味道就会有所不同。

从文化和经济方面深入了解味道的产生和味道带来的结果是十分重要的，因为了解了这些机制就可以对抗食品加工业大规模的标准化生产。市场营销是一种用于创造文化和行为共识的可怕武器。我们也应该学会培养个人的感官能力，为的是体会到我们既是特别的，同时也依赖着周边世界。克洛德·费席勒在他名为《个性化饮食》[1] 的书中解释道，如今自我肯定越来越通过所谓的个性化饮食实现，个性化饮食不一定与我们成长的社会文化群体的饮食相同：道德、政治或精神介入饮食（素食主义、纯素营养、纯素食主义[2]）、各种各样的健康饮食（血型食谱、生机饮食法、生食主义、旧石器时代饮食法）、出于医疗原因的选择性和限制性饮食（过敏或不耐受性）、出于宗教原因食用或者禁止食用某物……诚然，一小部分人由于较严重的健康问题不得不接受严格的饮食限制，甚至这些人的饮食会与其他人大相径庭：例如糖尿病患者、癌症患者就是如此。但对于其他人来说，彻底地改变饮食在我看来更像是一种策略，我把这种策略称为"掌握自主权"。掌握自主权就是为自己选择一种新的饮食方式——就像一些人为

---

[1]　Claude Fischler, *Les Alimentations particulières : Mangerons-nous encore ensemble demain ?* Paris, Odile Jacob, 2013.

[2]　素食主义 "Vegetarianism"（英语），"Végétarisme"（法语），实践者不食用红肉、白肉、鱼肉、海产品，但有些会食用蜂蜜、奶类和蛋类；纯素营养 "Vegan nutrition"（英语），"Végétalisme"（法语），实践者不食用任何源自动物的食品如蜂蜜、奶类和蛋类；纯素食主义 "Veganism"（英语），"Véganisme"（法语），不仅是一种饮食方式，更是一种理念、一种生活方式，主张尽可能地避免对动物的各种压榨、虐待，包括将动物用作食物、饰物（如毛针织物、皮带），也不使用在动物身上做过实验的化妆品。——译者注

自己选择一个接待家庭一样，此外，他们将这种选择方式看作一种解放，通过这种选择他们既表明自己属于某一群体，同时也表明他们不愿意再被动地受消费社会的影响了。这样来看，专家说30%的人称自己对某种食物过敏，但实际上这个数字低于4%。

但还有更严重的事情。我们越来越难以追溯吞下的食物的源头，它们的质量——即生产、加工、烹饪方式——也是越来越难保证。这一令人焦虑的现象摧毁了我本可以与食物建立的联系，这种联系十分具有象征意义、弥足珍贵。以下是几个例子。

我喜欢早餐时做鸡蛋：对我来说这象征着朝气蓬勃的生活。我习惯了在我家旁边的超市始终买一个牌子的鸡蛋。一天，我发现网上有人说这个牌子的鸡蛋来自20万只挤在笼子里的母鸡，笼子里还有正在腐烂的母鸡尸体和被寄生虫感染的鸡蛋，我吓坏了[2016年清晨（Matines）蛋商丑闻]。

许多年来我一直吃牛肉，因为牛肉是力量和能量的象征，但有一天我却得知这些牛的饲料是可以让我染病的肉骨粉（1986年以来的"疯牛病"危机）。

我住在中国，我给孩子喝奶粉，奶粉是健康和成长的象征，但我却惊恐地发现这种奶粉中含有三聚氰胺——一种用于制造胶和塑料的物质（2008年"三鹿"奶粉事件）。

我很喜欢鸡肉，但我得知先是在比利时，之后在德国，鸡肉和鸡蛋被检测出含有高浓度的二噁英（比利时二噁英鸡污染事件）。

我经常买碎肉牛排，碎肉牛排健康、经济、方便。但某天晚上我在新闻中听到法国北部十几个孩子病情危急被送往医院，原因是他们吃了感染了大肠杆菌的牛排（2012年牛排污染事件）。

许多年来，我以为我吃的是牛肉千层面，但后来我发现其实是马肉［2013年芬德斯（Findus）公司牛肉千层面事件］。

▶▷　关注食物对健康的影响

◉　食物无法溯源

一些研究，例如法国健康环境协会（Asef）的研究表明在8—12岁的儿童中，有35%的儿童不知道酸奶是牛奶做的，41%的儿童说不出火腿来自哪种动物的肉。之前的一项研究已经发现，不足 10 岁的孩子甚至认为薯条是直接从地里长出来的！

◉ 席卷全球的肥胖狂潮

一百年间，世界人均糖摄入量翻了 4 倍。关于肥胖的发展趋势，世界卫生组织的一篇报告也给出了令人担忧的数字。

肥胖已经成为世界范围的流行病。从全世界看，肥胖是导致过早死亡的第五大因素。有趣的是，我们发现，世界肥胖地图与地区饮食模式有着十分明显的关联：日本的肥胖率只有 4%，但在英国这个数字是 23%，在美国是 26%（且 80% 的人超重）。如今欧洲的肥胖率在 14%—16%。世界卫生组织预测到 2030 年欧洲的肥胖率将在 25%—30%。我们摄入的卡路里越来越多，但我们消耗的却越来越少。

联合国指出，世界肥胖人数在三十年内增加了一倍，而 44% 的糖尿病都与超重有关。从世界范围看，恶劣的饮食习惯给健康带来的风险比吸烟成瘾还要大。

2015 年春，美国塔夫茨大学（Tufts University）弗里德曼营养科学与政策学院（Friedman School of Nutrition Science and Policy）的一项研究表明，含糖苏打水可能会导致非酒精性脂肪性肝，而非酒精性脂肪性肝可能会演变成肝硬化。近期的一些研究也同样表明糖成瘾程度高于可卡因成瘾程度。

◉ 法国，令人担忧的趋势

自1950年起，油脂的摄入量翻了一番，含糖饮料的摄入量翻了6倍，至于简单碳水化合物 [1] 含量高的食物（蛋糕、冰淇淋），其摄入量翻了13倍。

超过11%的成年人是肥胖者，即700万人，是三十年前的3倍。48%的法国人可能都超重了。

法国能多益榛子酱（Nutella）的消耗量大得令人悲伤：法国人每秒钟总共吞下2.7千克榛子酱，也就是一年7.6万吨，占了世

---

[1] 碳水化合物可以分为简单碳水化合物（Simple Carbohydrates）和复杂碳水化合物（Complex Carbohydrates）。简单碳水化合物仅含有1—2个糖分子。其中，含有1个糖分子的称为单糖，如葡萄糖；含有2个糖分子的称为二糖，如蔗糖和乳糖。复杂碳水化合物含有3个或以上的糖分子。其中，含有3—10个糖分子的称为低聚糖；含有成百上千个糖分子的称为多糖。简单碳水化合物可被快速消化，之后迅速被机体利用，提供能量。——译者注

界消耗总量的 26%。能多益榛子酱成分的 70% 是油脂和糖，这真是一种新的穷人的毒品 [《玛丽雅娜》杂志 (*Marianne*)，2015 年 6 月 26 日]！

◉ 垃圾食品生产商导致的肥胖

青少年越常吃快餐越容易肥胖。

在全世界，一个国家的麦当劳数量越多，肥胖率就越高。

在每百万人拥有麦当劳的数量较少的国家，肥胖率低于 5%。在麦当劳分布最为密集的国家，肥胖率攀升至 25%。

[上述结果来自博比尼（Bobigny）的亚维森医院（Hôpital Avicenne）的一项研究，该项研究覆盖 44 个国家——即世界总人口的 75%，以及 95% 的麦当劳餐厅]。

我就不再继续列举这些无穷无尽的食品丑闻了，否则会影响你的胃口，因为其他令人愉快的盛宴正在等着我们。上桌吧！

第三章
从自然到自然状态

"只有顺从自然，才能驾驭自然。"

——弗朗西斯·培根 (Francis Bacon)

《新工具》(*Novum Organum*，1620)

塔里敦（Tarrytown）是韦斯特切斯特郡（Westchester）的一个小镇。一个小时前，我还在黄色出租车的后排咆哮，纽约混乱不堪的街道让它寸步难行，而现在我已经在被红色树木环绕着的山丘上奔驰了。我将车停在一个广阔的农场前，农场放眼望去都是深色的砖，仿佛走进了一幅美国20世纪30年代的画卷。这里没有什么陈旧的东西，在丹·巴伯[1] 32公顷的农场里，他接待我时身穿洁白无瑕的工作衫，脸上挂着灿烂的笑容，他的农场中有170只绵羊、10只山羊、1200只高产的母鸡、5800只小鸡、550只火鸡、150只鹅、120头猪和25个蜂群。

"你好阿兰，最近怎么样？"他体型瘦弱，但握手时却坚定有力。在巴伯的两家蓝山餐厅——一家位于石仓（Stone Barns）的农场[2]中，另一家位于曼哈顿市中心，米歇尔·奥巴马曾沉醉于甘甜清脆的餐前小吃胡萝卜。在此之前，巴伯曾在法国学习，尤其值得一提的是在巴黎米歇尔·罗思堂餐厅[3]。2004年，他在石仓安置下来。他的目标是通过使用其农场中的蔬菜、水果、草本植物、谷物和乳制品——所有食材均不使用任何化学产品，来让自己的

---

[1]　丹·巴伯（Dan Barber），生于1969年，美国名厨，2009年被《时代》杂志列为"年度100"世界最具影响力的人之一。他是蓝山餐厅（Blue Hill）的三位共有者之一，奥巴马夫妇2009年5月30日曾在此用餐。——译者注

[2]　指蓝山农场石仓食品和农业中心（Stone Barns Center for Food & Agriculture），位于纽约州波卡蒂科山区（Pocantico Hills），距离市区约30英里，石仓蓝山餐厅（Blue Hill at Stone Barns）的食材全部来自该农场。——译者注

[3]　罗思堂餐厅（Maison Rostang）创立于1978年，汇聚了两代人的心血，即上一任主厨米歇尔·罗思堂(Michel Rostang)和现任主厨尼古拉·柏曼(Nicolas Beaumann)。二人齐心协力创造出的美食既尊重了法国的传统，又永远紧随时代的步伐。——译者注

两家餐厅基本实现自给自足。巴伯的信条很简单：应该由食材来决定当天的菜单，而恰好相反。此外，如果你某天有机会去石仓，给你一条建议：在下午五点前到达。巴伯在农场的时候，他很乐意让客人品尝菜园里的蔬菜。

旱金莲味奶油做的茎蓝、猪骨烤笋、用竹笋奶油自制的布拉塔乳酪、意大利调味饭——这是一种口感柔顺的粥，其中小米、大麦、荞麦与燕麦和谐搭配；胡萝卜——被剥去一切，色泽鲜艳地裸露在我们面前，只是头部还连着完整的茎，给人不一致的感觉。丹·巴伯让客人陶醉于这些是徒劳的，有些人说，只是简单的蔬菜而已，为什么有如此多的仪式和谄媚般的赞美？在我看来巴伯的反对者完全错了。他们只看到一种诗意而古怪的嗜好，我看到的是一种深刻的道德行为、政治行为。

20世纪70年代，当新潮烹调广为流行的时候，人们从不谈论食材。唯一的要求就是要有创造性。皮埃尔·特鲁瓦格罗[1]这样一位受人尊敬的厨师也觉得去了解食材中的鲑鱼来自苏格兰还是挪

[1]　特鲁瓦格罗是法国美食界如雷贯耳的名字，该餐厅的历史可以追溯到20世纪30年代，1968年以来一直保持着米其林三星餐厅的头衔，中间历经三代人的交替，却从未间断过。皮埃尔·特鲁瓦格罗（Pierre Troisgros）为第二代主厨。——译者注

威，以及它们是否是野生的，这是非常可笑的。如今，我们可以
吃到众多手工黄油，这些黄油比35年前最好的黄油还要好。现在
每家优质餐厅也都成了"食材专家"，可以分辨出众多的品种和这
些品种各自的优势。

优质食材的背后，生产者的故事

  优质食材，首先是食材培育者的故事。我们沿着贝克（Bec）多鱼的河流行走，头顶一群蜻蜓飞过，之后慢慢走到位于鲁昂南部 50 千米的勒贝克 - 埃卢安（Le Bec-Hellouin）农场，农场周边都是油菜花、蜡菊和苹果树，这时我们感觉自己仿佛置身于花园中而不是农场里。这片"伊甸园"中生长着 800 种不同的水果和蔬菜，并且根据朴门学[1]的原则，一切都在现场生产和循环。

这一农业系统理论在 20 世纪 70 年代由澳洲人比尔·墨利森和戴维·洪葛兰提出，在这个理论中，关心人类，就是关心自然。不存在浪费，只是重新分配剩余的东西；什么也不会消失，一切都相互转化；不使用杀虫剂和机器，母鸡以昆虫和蚯蚓为食，池塘底的淤泥可用于种植蔬菜，等等。用于食材生产的土地面积很小，不使用化石能源，而是采用集约的方式，尤其是避免单作。种植方式要与大自然保持一致，在大自然中，植物都是互相关联的。然而，西方的现代农业系统却使地球上 30% 的可耕种土地走向荒漠化。

夏尔·埃尔维 - 格吕耶（Charles Hervé-Gruyer）和佩里娜·埃尔维 - 格吕耶（Perrine Hervé-Gruyer）是农场的主人，他们并不是农民。他们相遇的时候，一个刚刚结束环球航行，另一个则在

---

[1] "Permaculture" 中译为永续生活设计或朴门学，最早是由澳洲比尔·墨利森（Bill Mollison）和戴维·洪葛兰（David Holmgren）于 1974 年所共同提出的一种生态设计方法。其主要精神就是发掘大自然的运作模式，再模仿其模式来设计庭园、生活，以寻求并建构人类和自然环境的平衡点，它可以是科学、农业，也可以是一种生活哲学和艺术。——译者注

香港做法学家。[1] 他们将朴门学方法和其他农业科技相结合：生物密集型微农业方法、亚洲传统技术（使用人工但效果出色），以及巴黎十九区菜农采用的方法——这曾经养活了整个巴黎。勒贝克埃卢安农场采用的方法使 1000 平方米土地的产量与 1 公顷机械化方式耕作土地的产量基本相同。2011 年年底，农场与法国国家农业科学研究院（INRA）和巴黎高科农业学院（AgroParisTech）合作，参与了一项名为《朴门生物蔬菜种植和经济效益》的研究项目。

对于一名厨师来说，一定要去食材生产商那里参观并观察他所使用的生产方法。这种深入的方式会将整个食物链条展现在我们面前，从土地到餐盘，同时讲述着一系列既与人又与机器相关的故事。我头脑中的土地包括了法国西南部——我的家乡和地中海——这里很早就吸引着我。这些根植在头脑里的东西是我身份的一部分，它们承载着我，但我并不会局限于此。我喜欢逛市场，

---

[1]　Les Hervé-Gruyer : leur ferme bio passionne les chercheurs, Parismatch.com 2015 年 8 月 14 日文章。夏尔和佩里娜是一对法国夫妇，两个人结婚后，对于城市生活产生了厌倦，同时向往在自然之中过自给自足的生活。于是双双辞去工作，在诺曼底的贝克地区，买下了一块土地，开始了田园生活。

去寻找一些少见的食材，与热爱食材的人谈论优质的蔬菜和滑嫩鲜美的肉，去发现人们怎样用母亲对孩子般的温柔、耐心和审慎，去选择、培育、爱护来自土地或是海洋的食材。

我想到了勒内·施密德（René Schmid）和保罗·施密德（Paule Schmid），他们种植鲜红的野草莓，仿佛它们是动人的、有生命的珍宝，精致而芳香。我会永远记得那个夏日的早晨，为了准备甜点所需的 3 千克野草莓，我打电话向勒内订购。他拒绝了我："不好意思，没有人有时间帮我摘草莓。"我还在坚持要求。他说："如果你一定要野草莓，那唯一的办法就是你自己来采摘。"我被伤了自尊，回道："就么定了，勒内，我一会儿就到！"一小时之后，我就到了他的农场。在炙热的阳光下，我弯下双腿，小心地折断每个野草莓的茎，同时保留着茎上的每朵花，之后将每颗草莓小心翼翼地放入 125 克的船形食物包装盒，而我总共需要装 32 盒。日落时这项工作才完成。从那天起，我再也没有对勒内·施密德和保罗·施密德的鲜美野草莓讨价还价……

我还想到了若埃尔·蒂埃博（Joël Thiébault），三十年来，他始终在传承几代定居在伊夫林省（Yvelines）塞纳河畔卡里耶尔

（Carrières-sur-Seine）耕作者的工作。可以说在很多人的印象中，他始终都在。中世纪时，他的祖先就已经开始种植蔬菜了。若埃尔·蒂埃博是菜农的后代，他每年都在 20 公顷的土地上种植超过 1500 种草本植物和蔬菜。他对人工栽培的可食用植物十分狂热，他知道这些植物的所有故事，了解培育这些植物所有的园艺技术。他的不满足不断促使他重新发现被遗忘的植物品种。他的胡萝卜和牛皮菜有黄色的、白色的和紫色的，但他的白萝卜却是绿皮的。他种植了 60 种不同品种的番茄，比如绿斑马番茄，这种番茄非常甜，直到成熟前都是绿色的。他的凯尔维登小豌豆甜而脆。他的甜菜五颜六色。那他的日本小萝卜、东京小芜菁、摩根四季豆、蓝美人土豆和羽衣甘蓝又是什么样呢？种子是财富，他坚定地捍卫种子的多样性和丰富性，反对从事食品加工业和化学试剂研究的跨国公司，因为这些跨国公司控制了种子以及耕作方式，为的是保障建立在农作物单作、标准化和一致性基础上的高收益。他还解释了同一种蔬菜的味道、质地和香气是怎样一天一天地演变，因为植物成熟过程中的每个阶段都会呈现一种短暂但却真实的味道。

　　厨师同样是味道的采摘者。一天早晨我到蓝山餐厅吃早餐，巴伯问我他的黄油怎么样。突然，我对他说："最近下雨了吗？黄油有暴风雨的味道。"雨会有损于草的质量，从而降低奶的可口度。巴伯在长方形的眼镜片后打量着我，仿佛我是个正在尝试哄骗他的预言者。的确，农场下雨了，马萨诸塞州西部地区近期都遭遇了暴风雨，但听听新闻我就可以知道这些了。我并未继续论证自己的观点而是问他是否用美膳雅（Cuisinart，一种烹饪机器）制作黄油。"当然不是，这里的黄油全部都是手工做的！""但你的牛，它们在离谷仓很远的地方吃草，不是吗？"这下完了，我品鉴者的传奇在他眼中黯然失色了。他说："当然不是。我的牛一直都在谷仓附近茂盛的牧场中。"他避开了我，有些气恼。之后在糕点厨房中，他撞见一名员工正在用美膳雅打发黄油。几天过去了。一天早上，他起得比平时早要去看谷仓附近的牛：牛全都消失了！他很担心，于是去找农场管理员，管理员跟他说："你不要担心，我在做个新尝试，就是让牛到更远的地方去吃草，那里的草不那么油腻。""你是什么时候开始这样做的？""杜卡斯来之前的几天。"

　　许多厨师都能讲出类似的趣闻。

从本质出发

路易十五餐厅位于摩纳哥公国的巴黎大酒店（Hôtel de Paris），这家餐厅由我掌管，1987年5月27日，我和我的主厨弗兰克·切鲁蒂（Franck Cerutti）一起推出了纯蔬菜套餐。应该承认，起初并未取得多少成功。但如今，三十多年过去了，近五分之一的顾客会选择这个套餐。顾客对这个由蔬菜和谷物构成的套餐如此迷恋并不仅仅是因为想要跟上素食主义的潮流。素食套餐象征着这样一种美食：渴望在烹饪哲学中探索新天地。为什么？

因为如今绝大多数研究者都同意：如果那 10 亿"营养过剩"的人可以少消耗些动物蛋白，那么他们不仅会更健康，还能轻而易举地解决地球上数十亿"营养不良"的人的饮食问题。

这就是 2014 年，当我在雅典娜广场酒店[1]推出全素餐时想要传递的信息。我并不是想通过自然状态的饮食这一概念来一鸣惊人，而是想让自己参与到植物平衡中，在尊重地球的同时尽可能多地养育人口——这种做法的意义就存在于植物平衡中。自然状态首先是一种存在方式和思考方式，也是一种烹饪哲学，我们可以将其总结为：少油脂、低盐、低糖。我们专注于卓越的食材，人们用心地珍惜、收集、采摘、寻找、养育这些食材。自然状态的灵感来自鱼、蔬菜、谷物这"三部曲"。我所使用的原材料全部来自理性农业[2]和可持续渔业，濒临灭绝的物种不会出现在我们的食材中。

---

[1]　五星级的雅典娜广场酒店（Plaza Athénée）是巴黎式奢华风尚的缩影，从酒店房间内可欣赏埃菲尔铁塔的壮丽景观。自 1913 年起，雅典娜广场酒店就因坐落于巴黎高级时装中心蒙田大道上，而备受宾客的青睐。阿兰·杜卡斯负责酒店厨房工作，他在这里运营米其林三星餐厅——阿兰·杜卡斯雅典娜广场餐厅（Alain Ducasse au Plaza Athénée）。——译者注
[2]　法国是世界上率先提出并践行"理性农业"（Agriculture Raisonnée）概念的国家，理性农业指的是在现代农业种植过程中，通盘考虑和全面兼顾生产者经济利益、消费者需求和环境保护，来实现农业可持续发展。——译者注

这些自然且更健康的菜谱是对高级料理的一种创新、自由、近乎本能的解读，同时展现出了食材原本的味道，从最高端到最朴实的食材，它们的味道都棒极了。肉是一种非常强大的文化参照，在我们的美食系统中，肉始终被看作主食。从社会学的角度看，肉长时间以来都是获得了一定社会地位的象征。所以要想从事高级料理但却不使用肉，这是很难的。当我刚起步从事烹饪的时候，人们像谈论配料一样谈论蔬菜和谷物。

但在我眼中，与其说蔬菜的烹调是种创新，倒不如说是对最近几年烹饪界新趋势的深入发展。我和几位厨师一起，促进了蔬菜和谷物在法国以及国外成为独立的菜肴，但我觉得我们还可以走得更远。

让我构思出自然状态的烹调的，如往常一样，是由交流和共享构成的人文奇遇。罗曼·梅德（Romain Meder）是我在雅典娜广场餐厅的主厨，也曾是我在卡塔尔多哈伊斯兰艺术博物馆餐厅的主厨，我与他一起构思出了自然状态的烹调。卡塔尔的文化对饮食有严格的限制：禁止提供猪肉或含酒的酱汁，某些配料也不能使用，比如醋。至于本地食材，能派上用场的只有几种高温海水中的鱼，几种家禽、香料和温室里的蔬菜。这就要求我们从本质出发，进行深入的创造性研究。

鉴于上述种种情况，我建议罗曼开一家高级料理餐厅，只提供蔬菜、谷物和来自可持续渔业的鱼肉。对我来说，这是自然状态饮食这一新概念的基础，之后随着经验的积累，这个概念也在不断丰富，并且始终随着时间的流逝而不断调整。为此，我希望我们可以洗净精神，忘记所有的前提假定和条条框框。罗曼就做得非常好。他在几个月间探索了许多国家：摩洛哥、印度、美国……我们曾在巴黎接待了一位精进料理[1]厨师，他传授给我们素食的烹饪方法——就是我们在佛教寺庙，尤其是东京的佛寺中品尝的素食。在日语中，"shojin"意味着"全神贯注"。制作精进料理的佛教徒厨师将身体和灵魂都投入其中，在展现出每种原料精髓的同时避免任何浪费。

在雅典娜广场酒店餐厅的菜单上，我们使用的都是简朴的食材。我相信是时候用简朴的食材对高级料理作出新的阐释了，在

---

[1] "精进"（shojin）二字，是梵文中"vyria"一词的日文翻译，意思是"存善远恶"。精进料理即是在戒律上不使用任何鱼、肉及韭、大蒜等五辛，只用豆类、蔬果、海藻等植物成分制作而成的素菜。

我看来这并不是一种局限。我希望顾客去探索的是一片全新的味道天地。虽然这些食材很简朴，但它们毫不逊色。有扁鲹、沙丁鱼和鲭，当然还有鳀鱼，此外还有许多谷物比如扁豆和藜麦，以及根菜类。鱼都是小心谨慎的渔民捕捞的，他们尊重季节规律，只乘小船在水面滑行；谷物和蔬菜都是法国小生产商种植的，他们尊重自然节律。一位与我们合作的渔民曾在清晨 5 点捕捉甲壳类动物，他的妻子上午 11 点将捕获的食材送到我们餐厅。

雅典娜广场酒店甚至与凡尔赛宫建立了独家合作关系，因为凡尔赛宫有充足的水果和蔬菜供应。酸模、南瓜、小蚕豆、西葫芦、茄子、四季豆、大黄、覆盆子和黑加仑都精心地种在塞纳河边的花园中，阿兰·巴拉东——三十年来一直担任凡尔赛特里亚农宫和大庭园的园艺主任——殷勤地照料它们。在我们第一次会面时，阿兰·巴拉东就告诉了我他对自然状态的定义："对我来说，自然状态首先是要种植一种干净、健康而美味的食材，培育过程中不产生污染，不使用化学物品，不消耗无用的能源，不对自然产生负面影响。"他还说道："我深信，美食是路易十四时代诞生于凡尔赛的。在他之前，人们吃的蔬菜都个头巨大，成熟过度，于是人们只好配着味道很重的酱汁来掩盖难吃的味道。"

我们共同的探险旅程将从重新耕种塞纳河畔的菜园开始，这样就能确保雅典娜广场酒店餐厅的蔬菜都是上桌前几小时采摘的了。所以现在我们是在三百多年未曾耕种过的土地上种植蔬菜。我们敏锐地意识到应该尊重菜园这个宝藏，所以一致同意不谈生产力，只是根据土地节律和自然的生物平衡来照料这块肥沃的土地，同时不使用杀虫剂和化学物质。就像罗曼·梅德说的那样："当塔吉（Mehdi）——负责塞纳河畔菜园的园丁，来给我们送他的食材时，就像打开惊喜包裹一样。我从不知道他带来了什么，我也几乎不知道他种了什么。最后，可以说是他——以及菜园和季节——决定了菜单上有什么菜。"

如果说雅典娜广场酒店餐厅的菜单与其他美食餐厅相比与众不同，那是因为它重新赋予了谷物高贵的地位。与我们设想的不同，在烹饪中使用谷物是一种很讲究的艺术。以东方小麦为例，这是原产于美索不达米亚地区的古老品种。东方小麦的谷粒非常硬，在烹饪之前大约要浸泡六小时，之后会发芽、变软。其他谷物，如斯佩耳特小麦，甚至需要煮两次。藜麦也在烹饪中占有一席之地。藜麦原产于南美，对印加人来说这是一种神圣的植物，它的种子不需处理可直接种植。藜麦具有独特而出色的营养价值。让－菲利普·德安（Jean-Philippe Derenne）教授是我们的合作对象，我们曾一起写了一本关于藜麦的书。[1]

　　藜麦配上其根部，或是用苦涩的草本植物做的汤，这样的菜肴客人最初并不一定会喜欢。但很快，餐厅这种自然状态的饮食取得了成功，我们就明白顾客是不会做出错误选择的。除了对探索新味道组合的好奇和愉悦，许多顾客还成为这种新式烹饪的传播者。他们洞察并传播这种饮食承载的一切：通过看待世界的方式展现出的文化意义，通过人际网络——饮食将生产者和厨师相联系——展现出的经济和社会意义，通过均衡营养展现出的健康和卓越，通过所用食材的生产方式展现出的对环境的尊重。

　　自然状态当然不只局限在餐厅之中。自然状态是被我称作人文主义美食的最佳阐释。自然状态应用于高级料理中，这种实践是一种探索，一种开垦未来烹饪世界的先进技艺。因为自然状态不应局限于奢华的餐厅这种封闭场所。我深信自然状态是基于一种适用于所有人的哲学：即到灵魂深处探索我们究竟是谁的哲学。

---

[1]　*Tout savoir sur le quinoa,* Jean-Philippe Derenne, Fayard, 2015.

第四章

成为厨师？

"我有幸学习了一门充满激情的手艺，并将其付诸实践以便亲身体验这一奇迹。"

——路易·茹韦 [1]

---

[1] 路易·茹韦（Louis Jouvet，1887—1951），法国喜剧演员，主要作品有《北方旅馆》《弗兰德狂欢节》《低下层》《犯罪河岸》等。——译者注

66 你真的想成为厨师吗？"我母亲傲然站立在

客厅中央，双手放在臀部，轻蔑地打量着我，被一个初中四年级小孩的坚持搅得不厌其烦。"那好，既然这样，圣诞假期你就去蒙德马桑（Mont-de-Marsan）附近的那个公路餐厅实习吧。"

正是这样，我开始在餐厅里洗碗，剩下的时间我就在餐厅的院子中给火鸡煺毛，餐厅时刻都人满为患。圣诞时节天气严寒，在一天要结束的时候，我的手指已经没有知觉了。在实习快结束的时候，老板才允许我做可丽饼。15天后我回到了农场——

我父母深信我会继续从事农场经营工作——我母亲狡黠地问我："现在你了解厨师这个行业了吧？你怎么想？"我注视着她的眼睛回答道："我复活节可以再回去吗？"

我的父母最后因我的坚持不懈而放弃他们的想法，同意让我16岁时去朗德省苏思通的朗德馆餐厅（le Pavillon landais）实习，之后去离波尔多不远的塔朗斯酒店管理学校（école hôtelière de Talence）学习。几个月后，我收到了这封来自我祖母的信：

1974 年 11 月 10 日

我的小阿兰：

你开始在塔朗斯酒店管理学校学习厨师技艺，学习你如此喜爱的肥肝菜谱。我收到了你从学校寄给我的明信片，这封是我给你的回信。关于肥肝这道简单的菜，你应该只听信祖母的，而不是学校里任何一位老师的。

首先在农场里选择肥硕的鸭子，要体型体态俱佳，羽毛有光泽，但这点你已经知道了。

当家禽被开膛破肚、内脏被掏出后，把肝脏和肥肉挑出，保留以备后用。此时立刻细致地将肝的神经切除，要精确而谨慎。

之后要加萨利－德贝阿恩粗盐和优质黑胡椒，就像你看到我在家做的那样，并将肝叶放入干净的广口瓶中。

向瓶中倒入一勺融化的鸭油裹住肝脏，之后轻轻晃动广口瓶，这既是为了赶出空气，也是为了油脂可以更好地包裹住并保存肝脏。

你还要注意要在广口瓶上部露出一块肝叶。

这时，用红色的密封垫封住瓶口，将广口瓶放入盛有沸水的大容器中，用旺火消毒两小时。

如果你一步一步按照上述步骤做，那你将会做出美味、滑腻而飘香的肥肝，就如我祖母当时在农场中做的一样。

我要说的就是这些，你要勤奋，但假期回来的时候也一定要健健康康。

爱你的祖母让娜

我永远都不会忘记我来自哪里，即便是我为王室婚礼或者国家元首准备餐食的时候。巴尔扎克 1842 年在《搅水女人》中就写到："偏僻的外省，女人之中颇有些卡雷莫一流的无名天才，会把普通的一盘刀豆做得叫人频频点头，像罗西尼听到完美的演奏一般。"[1]

我祖母并不是星级餐厅的拥有者。她从未进过豪华酒店，也从未坐过飞机。但每个周日，她都会在厨房里把她最好的手艺教给我们。每一次家庭聚餐都成为祖母与我们的分享时刻，同时也增强了用餐者之间的联系。我相信，无论生活中出现何种偶然，我们都可以通过为别人准备一餐美食而让对方高兴起来。无论你是在餐饮业工作还是仅仅为了兴致而烹饪，你都应问问自己这两个问题：我的菜肴想要传递何种信息？它讲述了怎样的故事？

---

[1] ［法］巴尔扎克:《人间喜剧》第七卷：风俗研究·外省生活场景（Ⅱ），傅雷译，人民文学出版社 1994 年版，第 402 页。

一所生活学校

▶ ▷ 厨师的职业核心——跨代关系

菜肴尤其是一种跨代、微妙、不言明、间接、无意识的传播方式。菜肴通过前代、当代和后代人间广阔而持久的关系——无论他们此时共处还是从未谋面，来施加长期的影响。所以，一些感觉、关系和观察在我的情感记忆中留下了永久的印记。比如，对于"新潮烹调"这令人激奋想法的产生，我就有着十分鲜活的记忆。1975 年我还是塔朗斯酒店管理学校的学生，但我已经迫不及待地开始工作了，于是说服了母亲带我去见我做梦都想遇到的米歇尔·盖拉德。他接待了我们，但他不能雇用我。唉，他对我说，没有任何机会让我进入他的厨房军旅。但我最终还是通过免费为他工作一段时间说服了他。那时，他正在写《伟大的健康料理》(*La Grande Cuisine minceur*)，这是罗伯特拉方出版社（Editions de Robert Laffont）出版的一套烹饪丛书的第一卷，这本书之后成为畅销书。他让我做的第一道菜是胡萝卜欧芹糕点。我还能记起某天，我在他的厨房里愤怒地哭泣，不是因为我受到了训斥，而是因为我在处理家禽的时候完全搞砸了。之后我了解到正是在这件事发生后，盖拉德去找了我的校长，并跟他说我"天赋过高，不适合继续上学"。两年后，米歇尔·盖拉德推荐我去慕景磨坊酒店跟着罗杰·威尔杰 [1] 工作。在跟着威尔杰工作的几年间，我拿起了电话拨打阿兰·夏普尔 [2] 的餐厅，并要求与主厨会面。6 月的一

---

[1] 罗杰·威尔杰（Roger Vergé，1930—2015），法国名厨，他的餐厅慕景磨坊酒店（le Moulin de Mougins）1974 年获得米其林三星。——译者注
[2] 阿兰·夏普尔（Alain Chapel，1927—1990），法国米其林三星厨师。——译者注

天，在忍受了穆然（Mougins）和米奥奈（Mionnay）之间 500 千米的长途跋涉后，我在自己老旧的雪铁龙 Ami 8 上得到了会面的机会并说服他雇用我。在阿兰·夏普尔餐厅，我和其他两个人一起住在一间整理后的阁楼里。我不得不让盥洗室水龙头的水一直流，这样才不会结冰；我还要在水龙头下放一块毛巾来减小滴水的声音。在这里几乎什么都挣不到。一个人在房间里的时候我咆哮道：要是夏普尔再不给我加薪，我就不做厨师了！几个星期后，他给我加薪了！1978 年，我 22 岁。我的命运就此确定了。1979年我决定去英国阿斯顿克林顿（位于伦敦和牛津之间）的一家久负盛名的餐厅，但我并不打算说出名称，因为它的厨房工作间和现行做法远不能给厨师这一职业带来荣誉。刚在这里工作了几天，一天晚上，罗杰·威尔杰就给我打电话并告诉我他希望我担任阿曼蒂尔酒店（L'Amandier）的主厨，这是他在穆然的第二家餐厅。我感谢了他，并回答"我考虑一下"。他回答："我 10 分钟后再打给你。"10 分钟后，我的电话响了。在电话的另一端，威尔杰只说了一句话："想好了吗？"我回答道："我现在就去！"30分钟后，我收拾好行李，朝着多佛尔方向出发，准备乘 5 点的船去加来。朝拉沙洛斯疾驶的同时我祈祷"矫健的"雪铁龙 Ami 8 不要中途出故障。中途我要去看一下祖母并向她借 500 法郎,因为从我离开英国开始计算,周末需要行驶 2000 千米,给车加足够多的汽油才能跑完这段路程。周一早上 8 点,我就开始在穆然的阿曼蒂尔酒店担任主厨了,正是在那里我了解了普罗旺斯的菜肴。

从那时起,地中海饮食成为我不竭的灵感源泉。地中海饮食完全体现了新潮烹调的精神,承载着饮食光辉的未来——饮食的未来如今已经越来越多地展现出来了。首先是食材:地中海饮食重新重视起蔬菜和鱼类;之后是准备方式:食材多是未加工或是烤过的;最后是通过配料:如果只能列举一种,那一定是橄榄油。如今所有人都在称赞橄榄油的好处,仿佛这是显而易见的,但橄榄油只是最近才在法国广泛使用的。20 世纪 70 年代时,每个法国人每年橄榄油的消耗量只有半升,但在意大利,这个数字已经是 10 升了。到 20 世纪 80 年代,法国橄榄油的消耗量才开始大幅增加,与地中海饮食的发展趋势类似。橄榄油也成为地中海饮食以及各种衍生饮食——如著名的克里特岛饮食——的象征。

▶▷ 传统与现代之间的摆渡人

如果说我花了些时间稍稍离题去讲了地中海饮食的好处，这是因为我相信在传统和现代之间，厨师扮演着摆渡人的角色。这场与历史和文化的对话是我作为一位现代厨师奇妙的创造力源泉。

如果只一味尊重前人的做法或是不断重复"体系化的"菜肴（书籍上和学校里的菜肴），我们就可能对烹饪抱有冷淡而狭隘的看法。我所感兴趣的，是从多样性的角度看待我们职业的历史。从这个角度看，烹饪是个传奇的思想宝库。事实上，很多我们如今看来新鲜的东西实际上却是很古老的。比如甜咸味根本不是现代的发明，它源于文艺复兴时期。藻类或生鱼对我们来说似乎是新品种，但从日本的文化中看并不是这样的。相反，大部分人认为番茄是自远古时代就存在的，但事实上直到16世纪西班牙人才将番茄引入欧洲。

我相信如果我们不知道自己来自何处就不能有所发明。我的很多创意都来源于口头传统，这是市场里的女性口耳相传的。这些口头传统涉及烹饪方法和菜谱，它们来自近乎秘密的、朴实而流行的国内传统。为了写成我那本关于地中海饮食的书，我和一个历史学家团队在一起工作了两年。他们发现了古老的烹饪方式、古老的食材以及保存食物的古老方法。

但如今，烹饪并不真正被政客看作一个严肃的主题。某种程度上，它被当作一种消遣，一种《食感》指南[1]布波族[2]追随者的爱好趋向，或者对电视节目来说是一个满怀希望的主题，因为烹饪类节目会产生较高的收视率。只有贾克·郎[3]明白美食应该被置于志愿主义（Voluntarism）文化政策的中心。哎！他的继任者很快放弃了这条路。但是，如果说我们不去电影院或者博物馆也能生活的话，不吃则不可以。吃对每个人来说都是必需的。由于吃建立在这种根本的必要性上，美食似乎就显得过于普通了，因而很难进入美术或人文科学这些封闭的圈子——前提是除去几个富

---

[1] 《食感》指南（Le Fooding）创立于 2000 年，由 food 和 felling 两词缩合构成，是法国的餐厅、厨师、酒吧、酒店指南（纸质出版物＋网站＋手机应用），2017 年米其林收购了《食感》指南 40% 的股权。——译者注
[2] 布波族，译自"BoBo"，是布尔乔亚（Bourgeoise）和波希米亚（Bohemian）的缩写组合单词，指的是那些拥有较高学历、收入丰厚、追求生活享受、崇尚自由解放、积极进取的具有较强独立意识的一类人。——译者注
[3] 贾克·郎（Jack Lang），法国政治家、社会党成员，曾担任法国文化部部长以及教育部部长。——译者注

有感情的研究者作品，如克洛德·列维－斯特劳斯（Claude Lévi-Strauss）、让－皮埃尔·普兰（Jean-Pierre Poulain）、帕斯卡尔·奥里（pascal Ory）、弗朗西斯·谢弗里（Francis Chevrier）、阿兰·德鲁阿尔（Alain Drouard）、让－菲利普·德安（Jean-Philippe Derenne）或是离我们更近的科琳娜·佩吕雄（Corine Pelluchon）。

但我们打赌这种封闭不会一直持续。在开放的现代社会中，制造隔阂的组织结构和孤立的灵魂很快就会被淘汰。从本质上看，美食是一个跨学科的研究主题。美食甚至还是，费席勒对我们说，"一个可从多种方向开始研究的对象，所以要以多样的眼光看待美食：生物学、人类学、人种学、社会学、社会心理学、精神分析学、心理学、历史学、考古学、地理学、地缘政治，以及许多其他领域"。[1]2010 年法国美食被列入联合国人类非物质文化遗产名录，在我看来，这是个转折点。法国也做出了努力发展以食材质量为中心的非工业化农业，这也是专家和消费者越来越追求的。美食对于法国旅游业来说是一项优势，面对这个巨大的经济问题，我们的意识和动员还是远远不够的，尽管近来已经

---

[1] Claude Fischler, in *Communications*, n°31, 1979.

有所进步了。我们也没有必要谈国民教育，因为就像我在本书一开始强调的一样，国民教育远未解决儿童的味觉教育问题。

▶▷ "你喜欢这道菜吗？这是我做的！"

我们的时代大力歌颂着个人主义文化，其根基是 16 世纪个体概念的产生，17 世纪道德意识的出现，启蒙运动，和之后 18 世纪法国大革命的爆发。在社交网络上，每个人都成了自己的新闻广播员，这通常是通过晒菜肴的图片——要么是自己做的，要么是在餐厅中吃到的——来实现的。这种方式证明了：吃什么，我们就是什么，但同样也说明了我们了解烹饪，所以我们是个"好的生命"，一个懂得"享受生活乐趣"的人。

电视就其本身而言，对明星的关注越来越少，而是越来越关注百姓，所以电视上充满了真人秀节目，如顶级大厨（Top Chef）、厨艺大师（Master Chef）和近乎完美的晚餐（Un dîner presque parfait）。若说烹饪节目和饮食艺术节目数量激增令我感到悲叹，我大概是在说谎。但还是有必要提醒一下，厨师只是冰山露出的那一部分而已，在电视上的明星厨师背后，是一整个团队。厨师这个职业的核心就是团队。想象一下管弦乐队的指挥面对一排空椅子独自挥舞他的指挥棒！烹饪也是一模一样的。作为一个个体，我是独立存在的，我有我的天赋、优势、劣势甚至还有点粗暴，但作为厨师我不能独立存在。

事实上，要想在追求卓越的道路上持久进步，任何一位厨师都必须深刻融入集体实践，并以集体的视角展望未来。首先是学习传承自前辈的本领，他们的光辉指引我们成长。之后是整个团队的凝聚力，从店员到主厨，还有大厅里的工作人员。集体成果的概念现在和将来都是越来越与顾客自身的参与有关——这与现代艺术有些类似，观众通过投向作品的目光参与了展品的制作。最后，厨师可以通过在世界各地的菜肴和传统这一共同财富中汲取养料来升华自己独特的身份。

▶▷ "进入烹饪领域"

美食是一所生活学校。要想"进入烹饪领域"首先要接受相关启蒙。投入这个领域的人应该用真实、坚韧和清醒将他们的真理坚持到底，即将他们究竟是谁坚持到底。所以成为厨师既是一项个人使命，也是一个集体责任的承诺。我深信未来的大厨一定是明白天赋只有在合作而非竞争中才能更接近卓越的人。媒体作为造星者实际上制造的只是昙花一现的小明星。如今已经不是排名或者对立的时代了，而是开放和多样性的时代，一切都被包容。如今很多厨师出身并不显赫，故而文化的影响经常可以忽略。但文化世界却是最强大的灵感来源：旅行、自然、地区、土地、食材、季节、气候，同样还包括绘画以及它的色彩、和谐、对比，还有音乐以及它的和弦和节奏，还有建筑、雕塑、照片、电影，甚至包括摆盘、餐桌艺术和环境装潢体现出的美感和艺术感。

我们中的大部分人都有对母亲的饭菜或是家庭聚餐的记忆——这与身体挂钩，但也应该承认我们都有对提升社会地位、对成功、认可和名誉的渴望。我们有自己出生的家庭，也有遇到良师益友后创建的大家庭，他们通常能帮助我们探索其他国家的与饮食相关的机构。当我们走到成熟期并且获得了认可，我们一定会有教育和传递的渴望。马西莫·博图拉（Massimo Bottura）曾是我的餐厅（20 世纪 90 年代，蒙特卡洛的路易十五餐厅）中最具天赋的厨师之一，如今他是意大利美食的领头人。他曾在蒙特利尔的一场会议中这样说道："烹饪中最重要的配方是？文化。有了文化就有了认识，有了认识就有了意识，有了意识就有了投入。"

▶▷ 树立权威

有些人暗自询问厨师的概念会不会有些过时了。我并不这样想。首先，就像我们看到的一样，我们的职业建立在一个严密的学科之上：不可能避开一个军旅中互补的职能分级，不能避开对动作和时间的精确要求……所以乐队指挥是至关重要的。此外，也是因为我们生活在一个看似疯狂的世界中，所以厨师的概念显得比以往更加重要。

然而，这个概念应该在其定义和实践中重新考量。21 世纪的厨师应该能够树立权威、坚定团队的信念，而不是展现身份、施加束缚。唯一可以长久令人敬服的力量是建立在树立典范基础上的权威——这是一种参考、一种合理的指导。

这个原则建立在我的团队和我制定的条约基础上。从店员到主厨，我们都在同一条船上。如今主厨的作用是启蒙，打开眼界，指引方向，发现并发展潜力。随着时间和经验的积累，我开始相信，要想牢固地树立权威，就要记住三个问题。首先，我凭借什么可以占据现在的位置？永远都不能认为当前的职位是自然而然就能获得的，无论我们最终将获得的是何种身份地位。其次，我负有何种责任？我们要以透明的方式完全承担起责任，期间可以有错误，有失败，但要承担错误和失败的结果。最后，是对自己可靠性的持续评估：我的行为与言语是否相符，是否传递出了我本想表达的意思？

学会学习和学会委派并不是一蹴而就的。这是一条漫长的道路，需要倾听、观察、谦虚、进行个人研究，但也需要雄心。同时需要很早就明白，成长唯一的方式就是分享。此外方向性也是必要的。上述这一切都要求厨师多质疑，并且有坚定的信念。

在经历空难之后躺在医院的病床时，我有充足的时间去思考并明白了我不必亲临现场也可以指挥工作。之后，我在一些记者的笔下读到，正是这场空难极大地增加了我生存的欲望。我不在乎这么说是否准确，不管怎样，如果没有这场空难我很可能就没有继续从事这个行业。每天，我的厨师都在练习并精进他们的本领，远远超过了我自己能做的。我的角色更像是艺术总监或是足球队教练。诚然，我可以毫不费力地就去代替我米其林三星餐厅里的一位主厨，但是——这一点上我很坚持——我可能不会做得像他一样好。

说到生存的欲望，我观察到如今很多厨师都是"贪得无厌的"，对于厨师这样一个以养活别人为存在意义的职业来说，这是很有趣的。我们的好奇心和追求卓越的雄心永远不会满足，从这个意义上说我们是贪婪的。这种贪婪并不是一时兴起，我觉得这是一种必需、一种道德。生命赋予我生存的幸福，这是我对生命怀有的起码感激。

一些媒体将厨师描绘成性格障碍患者，这种令人伤心的描述有时将厨师归结为一个戴着白色直筒无边高帽的独裁者，让整个沉默而顺从的厨房军旅服从自己的命令。这与事实简直是相差万里。不论天赋如何，如果我们的目标是高质量，或者更近一步，是卓越，那么被团队看作是暴君，长时间在紧张的氛围中工作是不可能的。这点我已经在我的《烹饪词典》[1] 中强调过了：我相信品位、味道和人的结合。我尤其相信出自一种环境、氛围中的和谐，在这种和谐中经过精心思考的最微小的细节都有助于整体，在这个整体中每个人的个性都能找到属于自身的位置。在音乐中也是如此，乐队追寻的是和谐和卓越。在烹饪中，和谐源自原料的组合。这些组合应该立刻让味蕾感受到美丽、美好和惬意。饭菜结束后，应该仍能在口中留下绵长的回味，就像马勒的小柔版第五交响曲一样，它在乐队停止演奏后仍会回荡在我们的脑海中。追求卓越是基于严谨和要求不断改进，只有当主厨有能力通过共享一切知识技艺来让团队进步时，这二者才能实现。

　　视而不见是没有用的，暴力确实存在于一些厨房中。年轻的时候，我的腹部曾挨过洗碗工的一刀，他被一位厨房军旅的主厨所蛊惑，这位嫉妒的主厨怕我会取而代之。这个插曲教会了我一件事：要想经营好自己的团队，主厨不应该是一位专断的暴君，他应该树立权威。无论是在厨房还是别处，暴力开始于力量终结的地方。

---

[1]　Alain Ducasse, *Dictionnaire amoureux de la cuisine*, Paris, Plon, 2003.

▶▷　接替家庭

如今，主厨接替了家庭，被赋予了新的责任——传递知识和技艺。最明显的表现就是对烹饪课程或是对电视上出现的酱汁的迷恋。就像之前解释过的一样，我并不反对，但我认为问题不在于此。我们有责任让烹饪成为家庭的日常活动，并且需要填补烹饪传播衰退留下的空白，它曾是家庭身份的主要组成部分之一。家庭重组、快节奏的生活方式和经济困难，这都使我们找到时间为自己和所爱的人做一顿饭越来越难。

然而，我并不相信："还是以前好。"我更希望提倡："今天就是如此了，我们希望明天是这样的：发挥我们所有的力量来达到目标！"我的朋友盖伊·萨沃伊经常说："餐厅是地球上最后一个文明的地方。"当我任凭自己让梦想走得更远时，理想的餐厅成为一个修复多年来不和睦的家庭关系的场所。我多希望在餐桌旁，因徒劳的争吵而不断收缩的嘴巴可以被美食填满，随后口中不再有憎恶、怨恨和误解。

我不能再多说了——绝对的谨慎是我们这个职业必不可少的

一部分——但别人跟我说这种事情在我的餐厅中发生过不止一次，就像在我一些同行的餐厅中一样。这使我高兴。

▶▷ 显现并发展天赋

无论是每日与厨师军旅一同在厨房中还是走遍世界，主厨始终有责任发现并发展周边人的天赋。雅克·阿塔利（Jacques Attali）针对当代企业提出了一种令人兴奋的观点。对他来说，今后的企业本质上是不断变化的实体，它们在某段时间内汇集了某一项目周边的人才以及存在时间较短的团队，这些团队根据企业的发展和客户的新需求而组建或者解散。

任何与人有关的组织都是在变化中，而不是在封闭中创造持久的附加值。要想具有竞争力，企业应该吸引最优秀的人才，但同时也应该允许他们离开，甚至为他们的个人发展计划提出建议、做出支持。这需要观察、好奇心，可能也需要直觉。这方面与我相关的，就是我曾发现一个有天赋的少年——仅仅通过看他择菜。年轻的厨师总是通过观察自己学徒时的师傅来学习主要的技艺，我坚持这一传统。在我的厨房中，你有很大概率会看到被学员包围的主厨，他正在解释并展示一些东西——怎样切一片肉或是怎样摆盘。

一家餐厅中有一整个军旅，包括负责人、前厅侍应领班、主厨、部门厨师、厨工、酒店所有者、酒务总管、学徒等。世界上所有的高档酒店都采用这种独特的组织形式，这就使技艺传播成为可能。如果我们能理解并且尊重这种组织形式，那么，无论我们是谁、来自何处，我们都能获得快速的社会升迁。不用进行长期的学习，我们就有可能成为自己的老板。这种所谓的"手工"职业可以很有价值，给自己带来很大的满足感，并且在很好地养活自己的同时获得职业成就。

在这个职业中，一切都是可能的。应该大胆尝试，并且不怕犯错误甚至是失败。未从错误中吸取教训，这才是犯错。失败通常比成功更有益。简单地说，就是要有毅力。障碍首先都存在于你自己身上：那些都是你自己设置的障碍，要小心不被表象所欺骗。当我们获得迅速的成功和短暂的辉煌时，我们不应该仅仅因为自己出现在了电视上就寻求被认可，而应该因我们的成就和人际关系这笔财富而受认可。

如果我们将这几个简单的原则时刻牢记并愿意将其付诸实践，那么一切都是可能的。但同时也需要付出很多努力和长期自我建设的能力，这可以借助一个罗盘，它的四个方位基点分别叫作信念——我们相信什么和我们的话语根据来自何处；连贯——这是一条主线，可以增强我在这个分散的世界中所做的一切；坚定——在持久自我建设方面，它将与长期时间一直相伴；信心——敢于行动，充实自己的生活。除了这四个支柱，自然还要加上慷慨，没有慷慨就没有好的菜肴。慷慨不只是一种道德品质，更是一种对于共同产出和共同生活来说必不可少的条件。慷慨首先是智慧的象征，之后才是善良的象征。特蕾莎修女曾说"每个人都有丰富的东西要给予他人"。对于厨师来说这难道不是最正确的吗？

▶▷ 学会传播

一些电视节目给我们带来了这样的错觉：只要上电视并且展示一下自己的厨艺，几个月内就能获得短暂的声望，开自己的餐厅。没有必要没完没了地评论某个成名过快的电视烹饪"明星"——一年之后我们可能就忘了他的名字，也没有必要讨论这些错误的观念对年青一代的不良影响。每周七天，每天花十六七个小时在厨房中的人和有勇气投入时间推动这类电视节目的人都是在为我们共同的事业服务。为什么？因为他们给了年轻人进入烹饪领域的渴望。或许，要想让烹饪领域中暂时无人的岗位找到任职者，缺少的正是渴望和投入！

"传播"变得无法回避了。保罗·博古斯让厨师退出他的厨房，电视让厨师走入了千家万户。但"传播"首先是与客人的关系。既然烹调首先是一个时代文化和社会的行为、演进的反映，那么站在客人的角度考虑则是一种不断进步、革新和创造的方式。使用最尖端的信息技术和交流技术，在社交网络这种新空间中进行表达，这对于传播和让受众理解我们烹饪这笔财富的价值与文化来说是必不可少的。我们应该为大众启蒙，鼓励他们去尝试而不只是食用预经人工消化[1]的推荐食物。

---

[1] 指因预先经过化学性消化而更易被机体吸收的食物。如味噌蔬菜泥（其中的淀粉在烧煮和捣碎过程中被预先消化了）。——译者注

饭菜的艺术

我们的职业目的就是分享和让大家愉快。我一直很喜欢“接待宾客”（recevoir un convive）这一表达。回顾一下“宾客”的拉丁词源并非无用：“宾客”（convive）在拉丁语中的意思是“共同生活”（vivre ensemble）；所以“爱宴饮交际”（convivialité）的意思就是“共同生活的乐趣”（plaisir de vivre ensemble）。人类学探索过殷勤、奉献与分享的根源。马塞尔·莫斯（Marcel Mausse）在《礼物》（*Essai sur le don*）中指出，很多情况下都存在三重义务：给予、接受和归还。这是以一种互惠关系为前提的，它的上层是社会关系和权利的调节机制。所以当我们邀请某人去餐厅吃饭时，受邀人总会殷勤地说："下次我请客！"通过这句话他表明了自己意识到这是个赠予，他接受了，但他承诺之后会以某种方式归还。

殷勤的概念会给我们复杂而模糊的感觉。我们去拜访，愉快地吃着丰盛的饭菜。法语中的"hôte"既指东道主，也指宾客。它的拉丁词源"hospes"（殷勤好客的人或是受到热情接待的人）来自"hostis"（陌生人，敌人，敌意的），"hostis"后来演变为法语中的"hostie"（源自"hostia"，"hostia"由"hostis"发展而来，意为牺牲者）。殷勤这个词的双重性就是来源于此，如果其中的互利平衡没有达到，那殷勤就会变为不折不扣的敌意。外来宾客应该接受别人提供给他的食物，否则他就不能与他人建立联系。这使我们可以靠近对方、减少距离并消除对陌生人的不信任。

拒绝他人提供给自己的食物就是拒绝建立联系。在俄罗斯，如果未经过敬饮之酒的仪式，那么建立外交联系是有一定困难的。在中国，商谈合同离不开碰杯畅饮。一位女性朋友的丈夫是大学教授,他们一同被邀请前往日本,她和我讲到在一个非常正式的晚宴上,别人请他们吃纳豆。她饶有胃口地嚼着,并不知道这是一种气味十分浓烈的发酵黄豆,相比之下在厨房中浸泡了三周的蒙斯德干酪可能都不显得有异味了。她吃得很不舒服,但她知道任何倒胃口的表现都可能不利于她丈夫和日本大学同事间的对话,她别无选择只能表现得一切都很好,不久之后,有意让餐巾掉到桌子下面,这样她就可以避开目光,将口中的东西吐到手包中了。

▶▷ 在餐桌上,创造一种独特的仪式

一些研究已经表明边看电视边吃饭与超重间的联系是非常大的。我们几乎不会看一眼餐盘反而被电视图像吸引了目光。我们狼吞虎咽,吃得越来越多。与水果和蔬菜相比,高卡路里的食物(猪肉食品、披萨、油炸食品等)更受偏爱。[1] 有时为了填补寂寞或是从过于沉重的烦恼中转移注意,独自一人三餐之间在电视

---

[1] 《边看电视边吃快餐与青少年体重间的关系》,来自 Thomson et col. Am. J. Health Promot. N° 22 2008, p. 329。

机前吃零食的情形早已屡见不鲜，对于这样的时刻我们又该说什么呢？我再重复一遍：作为仪式的吃饭应该是愉悦、交流、共享与传播的时刻。但如今只有 53% 的法国人每天认真地吃一次饭，即便 93% 的法国人都认为每晚坐在餐桌前吃饭是一个重要的时刻。[1] 这就是为什么正像我们前面说到的，无论你自己住还是和家人住在一起，优质餐厅接替了家庭，也为独居的人提供了一片空间，于是他们拥有了这样一种渴望：重新感受餐桌仪式的内涵与和谐。

保罗·佩雷（Paul Pairet）是一位来自佩皮尼昂的厨师。他曾在雅克·马克西姆（Jacques Maximin）的餐厅学习，我们成了朋友。保罗·佩雷另辟蹊径地开拓了国际路线。2012 年，他在上海创立了一家名为"紫外光"（Ultraviolet）的新概念餐厅。这家餐厅给客人带来了全新的用餐体验。每道菜前都伴有视觉、听觉或嗅觉的盛宴。为此保罗·佩雷使用了最尖端的科技。光、音乐、菜品介绍和味道，这一切都是同步的、受遥控的。这种独一无二的体验更像一种表现艺术。每道菜都是一个独特的感官世界，且

---

[1]　数据来自 2010 年雀巢法国基金会（Fondation Nestlé France）的一项研究。

所有的感官都在其中做出了贡献。

　　每道菜肴周边的氛围都是量身定做的。比如一些视频会在上菜前播放，吃完后会再次播放。宾客专注于食物，同时也被精心挑选的感官世界所包围——为的是与菜肴和谐一致。对于节奏的把握也是体验中一个重要的环节。"紫外光"对上菜速度有着自己的要求。菜肴以稳定的速度在精确的时间点一道接着一道地呈现，就像一场菜肴与服务的芭蕾舞，一切都经过了完美的计算。追溯保罗·佩雷这个想法的源头，我们发现了祖母做给他的猪肋排。当祖母叫他来吃饭的时候，他不可能还要让祖母稍等片刻，因为祖母正是在最适合品尝肉之美味的时刻叫他。他寻求最大限度地掌控饭菜节奏，于是他提出了最完美的饭菜的概念。

　　与传统餐厅相比，这种所有感官都参与的体验会加深对饭菜的记忆。所以保罗·佩雷还在心理味道上做文章。他让感官上的等待与菜肴实际味道相对照，这样就产生了记忆，由此将文化与感官相结合。

　　"紫外光"颠覆了餐饮业的传统规范，对餐厅的位置保密也

是新概念中不可或缺的一部分。所以保罗·佩雷创立了一个组织，
其任务就是将顾客集合在他位于旅游大干线上的另一家餐厅邦德
夫妇（Mr&Mrs Bund）前，之后一辆小型客车会将客人送往"紫
外光"餐厅，在餐厅他们又将以同样的方式同时开启美食之旅。
这是同桌共餐仪式的一部分。

▶▷ 筹备餐桌讲话

美食的另一方面在于筹备餐桌讲话，这同样十分重要，但更
与餐厅宾客间的密切程度直接相关。在入席前、用餐时和用餐后
一直谈论吃什么，法国可能是唯一一个这样做的国家——也许还
有意大利。这种讲话仪式极大地增加了吃饭的愉悦。

大厅工作人员应该学会讲述食材，它的来源、准备和主厨的
意图。这已经是预先品尝、放入口中了，在这个过程中，词语的
力量和连贯起了根本性作用。我们还是大大地低估了大厅工作人
员的价值。在法国约有1万人从事这个职业，其中20%左右为女
性。对文化概况的了解和对语言的应用必不可少，但却不是唯一

的。大厅工作人员为宾客做准备，陪伴宾客，并与每桌宾客建立独一无二的关系。

还有一项能力非常重要，即观察宾客以了解他们在期待什么，缓和客人的迫不及待，理解客人的心理，为他们讲解，尤其还要给客人渴望。当我们知道根据心理状态、周边人员和用餐氛围的不同，一道菜会有不同的味道并且带给情感不同的影响时，我们就了解这项任务的重要性了。比如，和我心爱的女人面对面吃野生鲈鱼，谈论着我们在波涛汹涌的海边、荒无人烟的海岸上的第一次接吻，这与我和一群很爱喝酒的朋友一起吃野生鲈鱼相比，二者调动我情感记忆的方式绝不相同。

在让顾客体验用餐乐趣的方式中，每个细节都很重要。品尝，就是暂时停止说话，就是处在当下时刻，在所有感官都被唤醒的情况下认识周边环境和你将要吃的食物。首先是自己感受，之后是表达和分享自己即刻的感受。正如我之前提过的，这种分享越来越在一种与顾客的共同创作中完成。每天我们都越发强烈地意识到，在品尝菜肴前愿意了解一道菜的历史，提出问题，针对听到的描述做出评论的客人越来越多了。

　　我们应该对客人的思考和客观评论给予最大的关注，这些思考和评论帮助我们进步，促使我们反思。谈论每顿饭，以及在未来的几天、几周，甚至几个月、几年内构成每顿饭的每道菜，再加上在自己周围谈论这些的方式，这两者构成了厨师和餐厅的声誉。法国美食评论家科依斯基（Curnonsky）在晚餐批评方面无人能及，所以他被大家永远记住了，比如随后这个例子："如果浓汤和酒一样热，酒和肥小母鸡一样老，肥小母鸡和主妇一样胖，那这就差不多合适了。"

　　当今文化强调的是即时性，但距此千里之外才是情感记忆的扎根之处，情感记忆是唯一永远不会忘记强烈的情绪并能让其重现的。请你阅读或是重读普鲁斯特关于玛德琳蛋糕的著名片段，慢慢地读，就像品尝一道特别的菜或是享受一段特别的回忆："我无意中舀了一勺茶送到嘴边。起先我已掰了一块'小玛德莱娜'放进茶水准备泡软后食用。带着点心渣的那一勺茶碰到我的上腭，顿时使我浑身一震，我注意到我身上发生了非同小可的变化……那点心的滋味就是我在贡布雷时某一个星期天早晨吃到过的'小玛德莱娜'的滋味，我到莱奥尼姨妈的房内去请安，她把一块'小

玛德莱娜'放到不知是茶叶泡的还是椴花泡的茶水中去浸过之后
送给我吃。……但是气味和滋味却会在形销之后长期存在，即使
久远的往事了无陈迹，它们仍然对依稀往事寄托着回忆、期待和
希望，它们以几乎无从辨认的蛛丝马迹，坚强不屈地支撑起整座
回忆大厦。"[1]

---

[1]　[法]普鲁斯特:《追忆似水年华》，李恒基译，译林出版社1994年版，第29—30页。

发展更为人道的培训观念

当我需要同时管理两家三星餐厅时——一家在摩纳哥，另一家在巴黎，培训对我来说就变得尤为关键。我没有分身术，所以我只能依靠完全适应我的方式的、完全可信的厨师。之前非正式的做法必须成为一个正式、系统的组织，即培训中心和之后的法国国立高等甜点学校[1]。之后我将这一原则扩展到烹饪学校（École de cuisine）的爱好者上。

如果，正像我们之前所说的，我们将厨师职业看作一所生活学校，那么最好的展现天赋的方式就是建议学生去不同的餐厅，让他们了解多样的烹饪风格和烹饪文化。

在开放的当今世界，应该最大限度地促进地理上的流动和经验的积累。但我远不是唯一一个这样做的人。比如洛朗·苏奥杜（Laurent Suaudeau）做了出色的努力来帮助巴西贫民窟的青少年。秘鲁最著名的主厨加斯顿·阿库里奥（Gastón Acurio）2007年在帕查库特克大学中建立了他的厨艺学院——帕查库提烹饪研究所（Instituto de Cucina Pachacútec），建立于2000年的帕查库特克大学就像"沙漠中的一片绿洲"，为的是解决本塔尼利亚区贫民窟的犯罪问题。烹饪学院的教师都是来自"阿库里奥公司"（Corporation Acurio）的专业人员，该公司是学院里成百上千的学

---

[1]　杜卡斯教育集团（Ducasse Education）创立于1999年，是世界上第一个专业烹饪和甜点艺术组织。杜卡斯教育在法国有两个校区：阿兰·杜卡斯培训中心（CFAD: Centre de Formation d'Alain Ducasse），专门从事烹饪艺术培训；法国国立高等甜点学校（ENSP: École Nationale Supérieure de la Pâtisserie），专门培训法国糕点艺术、面包艺术、巧克力和糖果艺术。——译者注

生都梦想加入的大家庭。

在法国，我们处在一个些许奇怪的形势中。失业人数不断增加，但同时，旅馆业和餐饮业的 5 万多个职位却无人问津。餐饮业仍是一个大众不甚了解的领域，并且大家认为相关培训有时耗时过长且过于理论化。显然，现行教育体系很难对此做出具体而合适的回应。

如今，最有效的创新方案都来自一线专业人员的倡议：久负盛名的保罗·博古斯酒店与厨艺学院（Institut Paul Bocuse）代表的国际标准；米歇尔·盖拉德卓越的健康烹饪学校；雷吉·马孔（Régis Marcon）通过坚持不懈的努力提出的"培训证"措施在 2013 年通过；即将在 2018 年正式运行的乔尔·卢布松（Joel Robuchon）国际学院……还有提耶里·马克思（Thierry Marx）的倡议，他与职业厨师训练中心一起为餐饮业培训提供了新方法，在 12 周内获得受专业部门认可的能力并提供适应个人情况的职业发展陪伴。这一培训完全免费，尤其面向无业青年、求职者、转行者或因司法拘留而不能上传统课程的人。

烹饪应扮演一种社会角色。它可以使徘徊在路边的人重新在社会中找到一个自己的位置。这是深深根植在我心中的信仰:孤立地看即便个体行动可能显得微不足道,但正是通过这类行动的积累我们才能为改变世界做出贡献,就像西席尔·迪昂(Cyril Dion)和梅拉尼·罗兰(Mélanie Laurent)导演的电影《明天》[1]中所展现的那样。

▶▷ 开启孩子的未来

从 19 岁起,洛基神父(Father Rocky)就在马尼拉的路上大步走来走去,为了遇到一些露宿街头的年轻人。他会问每个与他交谈的年轻人三个问题:你想不想有新的经历?你是否全身心准备好与贫苦对抗了?你是否真的渴望从中脱身?若一个孩子对这三个问题都做了肯定回答,那洛基神父会提议将他安置在街童基金会的学校(la Fondation Tuloy Sa Don Bosco)中,在这段时间里,通过信仰和教育,他将习得全新的技能以便之后能回到社会中。

当然,我们现在就是在一个对新教徒和耶稣会会士来说非常

---

[1]　https://www.demain-lefilm.com/.

宝贵的概念中。我们并不是要违背这些孩子的意愿将他们拉出原本所处的环境，而是要给他们一个框架，让他们自己有意愿尝试从中脱身。当我的培训主厨杰罗姆·拉奎森尼耶提出要与这个计划合作时，让我想要为之做出贡献的，并不是这个计划的宗教意义，而是其道德、人道和人文意义。

所有这一切以一种滑稽的方式开始了。杰罗姆·拉奎森尼耶曾在菲律宾参加一个烹饪沙龙。突然，30 个孩子走上舞台开始唱歌，他们唱得那么好，杰罗姆惊讶不已。这些孩子是谁？他们来自何处？他调查发现所有孩童都是被街童基金会收养的，基金会由一名旗帜鲜明的神父管理，他叫洛基神父。杰罗姆与他见了面，参观了他的基金会，明白了他是怎样每天反复教导这些完全被遗弃的孩子，让他们明白尊重的价值——尊重自己、别人，以及尊重自然。

回到巴黎后，杰罗姆想不惜一切代价说服我加入这段“旅程”，他对我说：“为什么我们应该帮助的只是法国儿童而不是菲律宾的孩子呢？正如你所了解的，我在国外生活了 13 年，我并不觉得我是法国人，而是世界公民。给每个我在路上遇到的菲律宾孩子 1

毛钱，这我做不到。但是，找到一个重新安置的方案，我觉得这样不错。我知道当一个人起步不顺，有人给了他第二次机会时，他看到自己的命运大改观意味着什么。当我还年轻时，你给了我这个机会。现在轮到我来伸手帮助贫困的孩子们了。"

我凝视着他。我喜欢他的坚信有力和激励着他的价值观，立刻回应道："好的！"

旅程开始了，街童基金会和位于伊德润学院（Enderun Colleges）[1]的杜卡斯学院（Ducasse Institute）之间有一条非常明确的共同原则：每个人都有自己的职业！当时基金会中的 989 名年轻人不可能都成为厨师，因此还设有一个歌唱部……但是我和杰罗姆讨论说，对学习烹饪表现出渴望的孩子，我们可以通过课程、日常烹饪跟踪和我们的网络来给予他们专业的意见。为了筹集资金我们开始组织尊享晚宴、进行拍卖。这奏效了：我们筹集到了 3 万欧元，这使我们可以从第一年起资助 10 名 17—22 岁年轻人的职业发展。

---

[1]　成立于 2005 年的伊德润学院由菲律宾商业和社区领导人共同集资建立，立志让其成为一所世界级的学术机构。学校提供国际酒店管理和商业管理等领域全方位的本科学位课程。2007 年阿兰·杜卡斯与之建立合作关系。——译者注

我们将这个项目称为"未来青年"（Youth With A Future）——与法国"未来女性"倡议 [1] 属同一系列。自 2014 年起，我们每年可以让 10 名年轻人在街童基金会度过 8 个月，之后在菲律宾的杜卡斯学院度过 3 个月，最后在马尼拉与我们建有合作伙伴关系的餐厅中实习 3 个月。在我们的学院里，年轻人学习非常刻苦——每周六天，他们进步越大，日常时间安排越紧。当培训接近尾声，他们在我们的一家餐厅中实习时是没有工资的。为什么？为了促使未来老板雇用他们。上一届的 10 名学生都找到了工作；6 人留在了马尼拉，4 人去了迪拜的四季酒店（Four Seasons）。

这是一项长期的投入，为的是帮助生活在苦难和贫困中的年轻人，这种困苦是我们无法想象的。许多人被强奸过、卖过淫、偷盗过也吸过毒……刚到街童基金会的时候，他们中大部分人口

---

[1] "未来女性"计划（英语：Women With A Future；法语：Femme en avenir）创立于 2010 年，通过以获得厨艺专业职业资格证书（CAP Cuisine），之后找到长久工作为目的的培训，每年帮助 15 名无业和遇到复杂个人情况的女性重新就业。这一计划的新颖之处在于其受众，还有短期的培训模式以及参与计划实施的重要角色——直到如今他们才被较多谈起：公共角色 [城市政策、就业中心（Pôle Emploi）、大区]，私人角色 [阿兰·杜卡斯餐饮集团（Alain Ducasse Entreprise）、法国手工业行会（Chambres de Métiers et de l'Artisanat）]，和协会 [街区妇女协会（Association de femmes de quartiers）]、社会公共服务中心（CCAS）、就业商会（Maison de l'emploi）。2016 年，90 位面临脱离社会危险的女性重新站稳了脚跟。

袋里都有刀枪。我仍记得一个 13 岁的孩子来到基金会那一天时的面庞。洛基神父在他的口袋中找到一把沾满血的多刃刀。神父问："为什么你的刀上有血？""因为我杀了一个警察。""为什么你杀了一名警察？""因为我很饿，正在翻一家酒店的垃圾桶时那个警察过来暴打我。所以我就拿出了刀，杀了警察，然后继续吃。"

我也永远不会忘记我们第一次拜访街童基金会的那天。一群穿着蓝色衣服的孩子开始为我的团队和我唱歌。那一刻我头脑中想的是他们清脆的声音，还是为了给我们这份迎接礼不断重复这首歌的几周？是青春面庞上注视着我的难以言表的严肃目光，还是令我难以言说的念头——这些正在以如此纯净的歌声歌唱的年轻人不久之前刚刚遭受过极端的暴力？不管怎样，羞怯和感激使我呆住了，在这广阔的院子中，我觉得自己比他们渺小。主厨，已经不是我了。主厨，是他们。

第五章

法国美食的国际影响力

"国家的命运取决于其饮食方式。"

——布里亚－萨瓦兰

现在我想谈一个自己尤其感兴趣的问题：多样性。并没有唯一一种法国美食，法国有多少寸土地就有多少种法国美食。它们没有高下之分，只是不同而已——我和尊重里昂菜肴一样尊重阿尔萨斯菜肴。多样性是社会联系的载体，我们为什么不把这种对多样性的尊重扩展到其他领域，扩展到美食之外呢？毫无疑问这超越了我的能力。但是，从我说话的地方，我知道世界上的烹饪学校可以成为接受和发扬文化与生活方式多样性的沃土。

当我飞过法国上空去游览世界时——我每年

都会出行几次，我不停地惊叹我们的土地和风景。我想到了埃德加·莫兰（Edgar Morin）的这句话："法国大革命将普遍性的概念引入了法国的身份认同中。"[1]我正是用这种观点来思考法国美食的历史和未来。在多极世界中，问题的关键不在于展现力量或是领导地位，而在于衡量自身的影响力以及共享能力。

　　当下至上和永恒变化是当今社会的重要特征。从此以后，至高权力的概念变得肤浅、虚妄而无用了。移民危机、欧洲危机、恐怖主义、极端势力增强……如今，这一切都在表明，我们已经不能单纯地用这些字眼——"刽子手"和"受害者"，"好"和"恶"，"赢家"和"败者"——来思考世界上的种种变动了。为了名次而斗争已经过时了。因为这种斗争是另一个时代，即20世纪的价值观，那时有战争、有危机、有阶级斗争、有社会变迁，一切都用二元逻辑来思考。二元逻辑养活了媒体观众和赞助商的服务营销，同样它也使幸运儿的营业额不断攀升，这确实是真的。但这通常是昙花一现，很快就让上当的人筋疲力尽，最终只能出局。2000

---

[1] Edgar Morin, *Enseigner à vivre. Manifeste pour changer l'éducation,* Arles, Actes Sud, 2014.

年，在英国饮食杂志《餐厅》（Restaurant）和雀巢集团以及雀巢旗下品牌圣培露（San Pellegrino）的共同发起下，"全球五十大最佳餐厅"（World's 50 Best Restaurants）的评选开始了，我承认这项活动在推广方面是非常吸引人的，市场营销方面组织完美。这对于上榜的餐厅来说是件好事，因为总的来说，这使媒体开始谈论美食和有才华的厨师。对于为这类活动提供资金的食品加工业赞助商来说，这也是一个绝佳的树立形象、打开市场、招揽生意的机会。但老实说，衡量世界上所有厨师的表现并将其划分等级，在我看来意义不大。

在饮食方面，我们应该从一个竞争的世界进入到一个合作、联合、开放的世界。所有人都有自己的位置。法国是烹饪艺术的源头，烹饪艺术的主要原则是普遍适用的。这些原则是世界美食永恒未来的基石。法国不应该一味追求一些媒体上乱七八糟的人造排名榜首。法国的战役在别处，在其开放的身份及其带来的力量中，这种开放的身份接受一切异己的表达。

谈论法国菜肴，就是谈论全身心投入，但在黑暗时期，同样也是谈论仪式、生活的乐趣、轻快、乐观和愉悦。

世界烹饪学校

　　在烹饪领域，法国始终是绕不开的，这有几个原因。首先，世界上所有的餐厅都接受了奥古斯特·埃斯科菲耶（Auguste Escoffier）制定的厨房军旅制度，即将厨师的工作以专业团队的形式组织起来，以便更合理地准备菜肴。其次，在技术层面，法国菜肴也提供了参考。当其他传统烹饪只使用数量有限的技艺时，法国的烹饪方式种类繁多——在烤架上烤、在烤炉中烤、用平底锅烧、炒、炖、焖、煮……法国还发明了一系列独特而精心制作的酱汁、清汤、肉汁、调味汁、腌泡汁和乳状液，完美掌握了味道浓缩的技艺。长久以来法国一直拥有土地和地区食材的多样性。在研究各种食材、味道和口感方面，只有亚洲菜肴才能与之媲美。除此之外，还有面对全球化挑战时一个重要的优势：对世界上一切食材和烹饪文化的适应性。

事实上，这就解释了为什么国际舞台上享有名望的厨师，都曾在职业成长过程中在法式厨房工作过，无论是在法国还是国外。即便没有公开声明，他们中最具天赋、最是焦点的人物也不会隐藏这一点：想想秘鲁人加斯顿·阿库里奥、反传统的意大利人马西莫·博图拉（Massimo Bottura）、苏格兰人汤姆·基钦（Tom Kitchin）、美国人丹·巴伯和巴西人亚历克斯·阿达拉（Alex Atala）。亚历克斯·阿达拉在重新发现巴西土地上的食材方面做得相当出色，尤其是亚马孙地区的食材，因为他与亚马孙地区有强烈的情感联系。但他亲口说道：当他在自己圣保罗的餐厅中烹调这些食材时，他使用的是法国的技艺。他这样做是因为法国的技艺是最能适应各类食材、各种烹饪传统的，而且当我们想的时候，也能适应国际标准。

新一代的活力和创造性

新的人才和年轻厨师不断出现，带来了新的关注目光。从 20 世纪 90 年代开始，法国的新一代厨师发展了一种高品质的创意酒馆美食，这种美食通常由学习高级料理的厨师制作，2004 年它被正式命名为餐酒馆美食[1]。伊夫·坎德博德（Yves Camdeborde）是

---

[1] "餐酒馆美食"（bistronomie）由"bistrot"（小酒馆）和"gastronomie"（美食）两个词构成，指以较小分量呈现的高档美食，就像在小酒馆中一样，同时价格较为低廉。——译者注

餐酒馆美食的先锋，他曾向《巴黎竞赛画报》（Paris Match）讲述道："当我 1992 年——海湾战争期间，在巴黎十四区开了自己的第一家餐厅欢宴（La Régalade）时，我本想模仿当时的时代典范开一家美食餐厅，但是鉴于时代危机，这个计划搁浅了。于是我去掉了银餐具和一半的服务生 [……]，我终于可以拍拍顾客的后背并开始出演了！在餐盘中，50% 美食餐厅成分，50% 小酒馆成分。原料是酒馆风格：沙丁鱼、鲭、猪蹄……方式是美食餐厅风格的：秩序、精确、技艺。"[1]

　　尽管整个盎格鲁－撒克逊的评论界可能会不愉快，我们在法国从未像今天吃的一样好。诚然，工业化和世界性饮食一直在获得成功，但手工菜肴的活力也并未暗淡。高质量餐饮并不只存在于星级厨师的厨房中。每日，在每个地区、每座城市、每个村庄和每间厨房中，高质量餐饮的永恒都在不断展现，地位不断提高，未来不断闪耀。

---

[1]　2009 年 2 月 28 日《巴黎竞赛画报》，http://www.parismatch.com/Vivre/Gastronomie/La-bistronomie-passionnement-137988。

法国美食向世界开放

　　法国是唯一一个向世界各地输送了众多厨师的国家。这些外国厨师出色地实践着法国美食，或是在各个大陆受着法国美食的影响。比如在日本，实践法国美食的厨师数量就非常多。他们促进了法国这项遗产的发扬光大，同时也是法国美食吸引力的有力证明。但我们很少注意到，法国通过国外厨师使自身丰富了多少，如日本、意大利、瑞典、澳大利亚、阿根廷厨师……他们越来越多地来到法国，以从事出色的法国饮食业，并用自己的方式阐释食材和法国烹饪技艺。在这种密集交流的背景下，"民族菜肴"的概念也有所撼动。

　　举一个例子：小林圭（Kobayashi Kei）。这个年轻人生于长野市的烹饪家庭，当他还是孩子的时候，某天看了一档关于法国烹饪的电视节目。从那时起，他便梦想能够制作法国菜肴并最终决定来到法国学习。几年后，他成为巴黎雅典娜广场酒店餐厅的副主厨。2011 年，他靠自己的力量在巴黎大堂（Les Halles）旁边开了一家餐厅，提供高质量的法餐。2017 年他获得了米其林二星。

　　我在自己的餐厅中也发现了法国烹饪的吸引力。餐厅工作人员的国籍数量始终保持在 40 个左右，而我只在不到 10 个国家工作过。但这并不是特殊情况。我曾在我的同行中进行了一项调查，他们给出了可以进行比较的数据。每年，法国的大厨都在他们的厨房中迎接并培养数十名外国厨师。

　　我深信：在与饮食行业相关的培训方面，我们应该尽早行动。想要在我们的军旅餐厅中学习技艺的世界各地的学徒，都会碰到签证程序过于死板的问题。于是他们去了西班牙或是斯堪的纳维亚半岛国家。在法国政府的支持下，1000 名卓越的外国实习生将会来到法国并获得工作酬劳。法国烹饪协会终于使一项重要的措施生效了：政府设立简化的程序以方便外国实习生的到来。明天，他们将是法餐在世界上的传播使者。

越来越多的国家开始明白资助和支持美食发展可能带来地缘政治的利益。比如，西班牙在 2009 年动用 700 万欧元来资助巴斯克烹饪中心（Basque Culinary Center），目的是与法国的烹饪学校竞争。至于英国，它在伦敦奥运会的框架下将一笔大额预算用于推广伦敦成为"世界美食之都"……

奥古斯特·埃斯科菲耶四处旅行。19 世纪 80 年代，他在巴黎、戛纳、蒙特卡洛和卢塞恩度过。19 世纪 90 年代，他与恺撒·里兹 [1] 会面之后，就去了伦敦。作为一名法国厨师，我非常感激埃斯科菲耶以及他表现出的顽强毅力。他曾尽一切努力接受那个时代多样的美食，并让全世界都欣赏法餐。1912 年，他首创了"享速晚餐"（les Dîners d'Épicure）：同一天在世界各地尽可能多的

---

[1]　恺撒·里兹（César Ritz，1850—1918）出生于瑞士，是一位出色的酒店管理者及创始人，创立了全球闻名的奢华酒店，最有名的是巴黎和伦敦的里兹酒店。他被誉为"酒店之王者，王者之酒店""现代酒店之父"，英文中代表豪华、奢华的单词"ritzy"，以及瑞士恺撒里兹酒店管理大学，正是源于他的名字、他的酒店和管理理念。——译者注

城市，为最多数量的宾客提供同一种套餐。

受到他的启发，当我在 2015 年 3 月 19 日发起第一届好味法兰西（Goût de France/Good France）活动时，我立志要做得比他好。来自 150 个国家的 1300 多家餐厅成为候选，其中 200 家餐厅在法国，其余的分布在五个大洲。他们致力于按照自己的选择设计菜单，但基本框架是事先定好的：这餐饭必须以法国传统的开胃菜开始（比如香槟、肥鹅肝或奶油酥饼），以奶酪或甜点结束。其余的，每位厨师就可以根据当地市场的食材尽情发挥天赋了。2017 年，全世界超过 2000 家餐厅参与了这一活动。

在最初几年的学徒生涯中，就像我之前说过的，我曾在米歇尔·盖拉德的餐厅工作过。当时他是被一些人称为"博古斯团队"的成员，这是一群伙伴，但其意义远远超过了一所学校，在这个团队中还有皮埃尔·特鲁瓦格罗、让·特鲁瓦格罗、阿兰·桑德朗（Alain Senderens）、卡斯通·雷诺特（Gaston Lenôtre）、保罗·哈柏林（Paul Haeberlin）和其他几个人。团队成员们一起愉快地去旅行。我还记得一张他们在飞机脚下的照片，那时他们即将飞往美国，毫不夸张地说，他们胳膊下夹着长棍面包，还带着箱子，箱子里装着在美国展示时会用到的所有法国食材。

　　这些年轻的厨师在自己的国家打破了传统，并在世界各地进行宣传。作为旅行厨师，他们是法餐传统的继承人。顺便说一下，他们并不只是"输出"。有些人从日本带了新点子回来，并且会从日料中获得灵感，比如精湛的摆盘技艺以及对蔬菜和鱼进行短时间烹调——这是日料的突出特点。

　　吸收各个国家的美食特色是很有意思的，但这些特色本身也有可能产生极大的误会。20世纪90年代末，我就有类似的辛酸记忆。当时是去纽约赴餐厅老板西里奥·马克西奥尼（Sirio Maccioni）之约。他是一个法美困难家庭互助协会的活跃成员，我很了解他，我们将在他著名的马戏团餐厅（Le Cirque）中做法餐。西里奥·马克西奥尼的职业生涯开始于20世纪40年代末，当时在巴黎雅典娜广场酒店餐厅做厨工，之后他便成为美国最伟大餐厅经营者之一。我们准备用非凡的食材来做一顿饭，罗杰·威尔杰带了龙虾，查尔斯·博耶（Charles Boyer）带了布雷斯（Bresse）家禽和黑松露，我自己则拿出了箱子中带来的雪鹀和山鹬。

那天，一位记者照了一张菜肴的照片。第二天早晨，纽约时报的头版就写道："杜卡斯让人吃美国禁止食用的鸟类！"那时我已经回巴黎了。我回巴黎后的第二天，西里奥·马克西奥尼给我打电话："阿兰，我在办公室中被美国联邦调查局的警察包围了。他们想关了我的餐厅！"我不得不立即发了封传真向他们保证的确是我为了这顿饭带来了这些倒霉的鸟，一切都是我的责任。几天后，我回到了摩纳哥。雷尼尔亲王和帕梅拉·哈里曼（Pamela Harriman）到我的路易十五餐厅吃饭，帕梅拉·哈里曼是时任美国驻法国大使，她告知我联邦调查局正在搜寻我，她应该把我交到美国人手中……十分幸运的是，这个不好的玩笑完美结束了。

法国菜肴 21 世纪的主要挑战正在于此。安东尼·卡莱姆（Marie Antoine Carême）、奥古斯特·埃斯科菲耶、保罗·博古斯赋予了法国高级料理以优越的地位，这是长时间内都无须争论的。但自相矛盾的是，这种悠久的历史有时会表现为不利条件而不是优势。或许应该从规范中解放出来，或许应该不惜一切代价进行创新。法餐可能会成为复杂和烦琐的餐桌礼仪的同义词，从中摆脱没有什么不好。优越的地位也可能成为难以忍受的尊敬。

我们应该清醒而谨慎，而不是带有成见地看待这些评论。它们也包含了一部分真理：法餐输出了一种与意大利或亚洲美食截然不同的模式。一家在伦敦、纽约或者东京的法国餐厅几乎一定是优雅而昂贵的。顾客，尤其是美国顾客，很快就会被菜肴的名称、用餐顺序、酒的选择以及餐桌礼仪吓到。这一切都助长了法国人傲慢的名声——这主要体现在盎格鲁－撒克逊国家的法国人身上。法餐逐渐变成了富裕的精英阶层饮食，并且随着时间的流逝，与更放松的饮食方式之间有了差异。

但也不能天真。几年前，当我在盎格鲁－撒克逊国家的媒体上看到加粗的标题写着法餐已死，西班牙菜肴的时代到来了，我不禁笑了。很容易就能觉察到标题中隐藏的经济和政治问题。那是 2003 年。法国刚刚在联合国大会上断然拒绝了攻打伊拉克。这一立场非常不受待见，以至于一些报纸和美国右派积极行动了起来，让炸薯条（French Fries）在美国改名为自由薯条（Freedom Fries）。法国驻美国大使馆对此简洁地反击道："薯条并不源于法国，而是源于比利时。"无论法国是否愿意，菜肴必然与地缘政治有所联系。

全世界烹饪认同的生命力

2016 年 6 月,联合国难民署的一项倡议吸引了我的注意。难民美食嘉年华(Refugee Food Festival)使曾经在本国——车臣共和国、叙利亚、科特迪瓦等——是熟练厨师,但不得不逃避迫害和战争的人,能够在一家巴黎餐厅中制作菜肴。[1] 这种创举应该成为日常。烹调,是恐怖主义的反义词:烹调是爱和分享。烹调

---

[1]　http://www.refugeefoodfestival.com/.

也是战争和野蛮的反义词：因为它促进文化事业的开展。美食是一种强大的载体，它拉近了人们的距离，并在文化、愉悦和多样性之下建立了共同的家。我深信，在有烹饪认同并且突出了其价值的地方，一种同情的文明就会不断发展。因为每种烹饪认同，因其与众不同和独特，都是共同财富的体现，一种对所有人来说都至关重要的共同财富：即在共享和热情好客中尽可能地吃好。

我想到了几个生动的烹饪认同事例。

巴斯克的大厨是最初推动西班牙烹饪革命的力量，这场革命由名厨胡安·马力·阿尔扎克（Juan Mari Arzak）领导。他也认为应该在餐厅附近采集当季食材，将传统与现代以及土地相融合的先锋观点相结合。

中国、日本、阿拉伯、意大利、西班牙和法国菜肴都是可以从文化上辨认的。它们都来自传统，来自各自的地区，来自历史，来自生活方式。这些菜肴中有国家的影子，同时它们也是国家的象征。2013 年，日料被列入联合国教科文组织世界遗产名录。

澳洲大陆上出现了一类促进人与土地频繁交流的厨师。他们与生产者的联系如此紧密，甚至有些人，比如杰尔姆·霍本

（Jerome Hoban），决定离开灶台，完全致力于耕作和饲养。

南美的先锋有秘鲁的加斯顿·阿库里奥和巴西的亚历克斯·阿达拉，但同样还有一些年轻厨师，比如来自巴西南部的菲利普·舍德勒（Felipe Schaedler），他使用被人们遗忘的鱼类、大众不甚了解的草类、被大家贬低的水果，甚至还有蚂蚁入菜。他的菜肴建立在亚马孙地区美食的基本原理上，即以木薯粉和淡水鱼为基础。

在休斯敦，当地厨师推动这样一种菜肴的发展：它创意地融合了源自得克萨斯州民族多样性的传统。如果我们相信人口预测，根据这一预测，美国将在短时间内成为一个主要由少数民族构成的国家，我们就可以看到在这种饮食方式中，北美菜肴的未来正在显现。

针对阿拉伯菜肴在以色列的兴起，尤其是针对日益明显的巴勒斯坦菜肴复兴，我们又该如何看待呢？美食是否成功建立起了多年来外交手段未曾建立的联系？

我的方法是文化层面的、是普世的。我想在全世界展现出烹饪认同的价值。我每年至少环游世界一次，来发现新的味道，融合并创造新的分享。在我卡塔尔多哈伊斯兰艺术博物馆餐厅的菜单上，有一道罗西尼骆驼肉。事实上，我从未学过烹饪骆驼肉。我在多哈的做法和我在其他地方是一样的：我探索整个国家来寻找最好的食材，之后回顾自己的技艺和已掌握的法国烹饪技巧，并把它们用于烹调新的食材。

年轻厨师不论国籍，只要稍想进步的，都会在职业培训期间去国外学习。尤其是法国厨师，他们负有"传粉者"的使命，要传播开放、交流和建立人际联系的理念。我们拥有知识——无论是否具有形式上的结构，我们都有责任将知识传递给他人。法国的历史、地理和前辈使法国与其他任何国家相比，都更需要我们用天赋和力量服务于一个交流和相互分享的社会。

这正是雅安·莫利耶·布当（Yann Moulier-Boutang）在其作品《蜜蜂与经济学家》[1]中提到的："在人类对联合的理解中，我们看到了类似传粉者的作用。只是代替花粉的是非物质形式：信任、自愿合作、情感的调动——情感决定了大脑的能力，尤其还有网状工作，作为贡献的网状合作。蜜蜂做什么？它创造网络，发现

---

[1] Yann Moulier-Boutang, *L'Abeille et l'Économiste*, Paris, Carnets Nord, 2010.

要去传粉的地方，之后回来看它的同伴，告诉它们哪里可以采蜜。[……] 所以这种根茎似的活动，正是当人类通过将认知力量叠加成的网络来解决问题时所发生的活动。我们称其为社会联系；保持联系，社交，语言，如此多的原则维持着合作的可能，并在严格的机械合作之外，使达到杜尔凯姆（Durkheim）所说的社会有机团结的目标成为可能。"

饮食，全球范围内的新社会联系

五月风暴带来了新的价值观，面对过时的机制，一种个人自主行动、自由行动的需求逐渐产生了。但这种对于自主的认识却逐渐将个人封闭在孤独和绝望中，并最终带给个体被剥夺自由的感觉。

这里我们有可能混淆自主和独立。对自我、个体和自我性的崇拜会使我们认为，当我们独立于他人时，我们就是自主的。然而，根据本体论的观点，他者是自我的一部分，我们中每个人的同一性（identité）都由他者的相异性（altérité）构成。这是 20

世纪竭力否认的一种二重性——聚光灯照向个人，让我们看不到自主只有在相互依赖中才能实现的事实。他者是自我的一部分，他者构成了我，孕育了我的同一性。

引申一些，在饮食方面，这种对于饮食的错误观念促进了个性化饮食的发展，让我们从约束和共餐习惯中解脱出来。事实上，我们必须看到，这种需求使个人在面对饮食选择时就像面临重大选择一样不知所措。根据阿兰·艾伦伯格（Alain Ehrenberg）的观点，在法国，对自主的赞颂被阐述为抛弃个人，任其面对自己悲哀的命运。然而，他坚持说到，这是个法国的问题，因为与自主相关的价值观的发展不会引起集体概念的瓦解，反而会出现新的团结，新的共同行动方式，进而出现新的共同生活方式。共同生活并不仅仅是与他人并肩生活，而是在尊重每个人特性的基础上互相帮助。在我看来当哲学家文森特·德贡布（Vincent Descombes）强调，我们完全可以在与他人产生联系和遵循一套社会规范的前提下保持自主 [1] 时，他所指的正是共同生活。饮食

---

[1]　Vincent Descombes, *Le Complément de sujet. Enquête sur le fait d'agir de soi-même*, Paris, Gallimard, 2004.

要在关系自主，关怀和共同生活中发挥作用。长时间以来我们称其为"关怀伦理学"（Care Ethics），即所有与共同生活中的关切相关的事物。

正是因此，我们才要区分，例如，什么是快餐的出现和如今美食的意义。快餐提供了高质量且个性化的饮食，这是对当今生活方式产生的需求的回应；美食则是选择在将人们联系起来的餐桌旁度过愉悦和交际的时间，无论这顿餐的"美食"程度如何。在这个意义上，美食是良好人际关系的强大载体，因而也是自主的载体。

一些人诋毁"美食文化"，他们在对食物的迷恋文化中看到的只是一种新的人民的鸦片。这种观念过于天真了。这有益健康的"海啸"妨碍了并将继续妨碍既得利益者，他们想根据工业化和标准化的强大逻辑统一味道和行为，以在全球性集体精神和政治空虚中，实现跨国利益最大化。

分享的美食，正如我们设想的一样，始终会与全球化的体制相碰撞。但力量对比最后一定会偏向美食的一侧，因为它源自每个人的内心和生命。美食是生命的力量，所以美食中体现出来的越来越明显的多样性和创造性已经成为美食未来大有希望的有力象征，关于这种迹象，应该用心观察，尽力支持和陪伴。现在让我为你解释如何做吧。

第六章

以其他方式养育世界

"在这个干涸的世界中，若我们不想饥渴而死，就要成为水源。"

—— 克里斯蒂亚纳·桑热（Christiane Singer）

进步和速度消除了人类物理上的距离。空间和时间被压缩了，因而生活和人际关系受到了极大的改变。几个小时的时间，我就可以到达地球的另一边。几秒钟内，我家街道上发生的事或者我在手机上发的推特就可以传遍世界。如果我喜欢或是讨厌一家餐厅，在猫途鹰（TripAdvisor）上写几句话，就可以影响餐厅的形象和声誉。有些研究人员甚至设想，不久之后，联网的衣服、眼镜或是手环可以让每个消费者获取套餐食物中的二维码，并立即了解每道菜的营养成分。

所以无论何时，我都与世界另一端的任何人实时联系着。然而，如果我暂停片刻，进而就会发现人际交流和社会关系的亲近度、时间和深度都瓦解了。最终难道不是由人类重新掌控自己创造的出色的交流工具，将它们重新放回正确的位置吗？即服务人际交流而不是将工具本身当作目的。

这与美食有什么关系呢？因为人类要进食，那么一切与人类有关的——这是根据布里亚－萨瓦兰的定义，不仅会让我们与他人产生关系，更包括了我们与生命世界的关系，即生物圈（生物圈构成了生态系统的演化和生物多样性）。人类的生存、健康和舒适同样取决于地球养育人类的能力，这与生物圈内在的平衡和动态机制相互影响。

这并不是一种脱离现实的凭空想象。随着时间的流逝，人类创造了一个技术圈（人类创造的所有与自然相关的技术）。然而技术圈越发展越会侵害生物圈[1]，这种侵害是持续而快速的。到 2100 年，我们的技术圈将会耗尽生物圈 3 亿年来积累在地下的煤、气

---

[1]　1926 年俄国学者弗拉基米尔·沃尔纳德斯基（Vladimir Vernadsky）首次使用了"生物圈"（biosphere）这一词语。

和油。每天都有物种消失，肥力衰竭的土地变得贫瘠。不要忘记：至少养育人类的能力仍然与蜜蜂和蚯蚓息息相关。我们是否要遭受报应了？若不让生物圈重新掌控技术圈——技术圈由人类创造并且日益不受人类控制，那么答案是肯定的。

人类的饮食，就像我设想的那样，可以成为这场战役的尖刀部队。我们有幸每天都可以饱腹，我们可以将饮食用作工具，将人类的未来寄托其中。可以永远如此吗？当然不是。海中无鱼、土地贫瘠、森林毁坏，超过30亿人无法填饱肚子。而我们还在继续互相残杀。在最乐观的情况下，人类不应该仅仅考虑几个世纪之后的情况了。你以为自己幸免于难了吗？你是在想："洪水在我离世之后才会到来"，并且当这一切来临的时候，你的孩子以及孩子的孩子早已离世很久了吗？如果是的，那你真是个懦夫。

我并不比别人好，出于安逸、恐惧和习惯，也曾是个懦夫。年轻时，我因有幸从事美食业而飘然陶醉，长时间以来我想的只有自己和贪婪的雄心。但当我乘坐的飞机被撞毁，而且我得知自己是唯一的幸存者时，我明白了，没有人是世界的中心。

宇宙是一片不断扩展的能量场。但宇宙中同样会产生黑洞，黑洞的引力场是如此之强，它会吸收所有形式的物质和光，使它们无法逃逸。同样地，可能是因为同受宇宙连续性影响，我们给予周边的越多，越能在精神上养育周边的人，他们自身的成长也会反过来养育我们，我们越能够从自身这个微小的层面，参与宇宙的扩张。生活让我明白，你越向别人开放，你的视野越广，存在可能性的领域越大。

我们每个人都能通过向世界开放来开启世界。的确，名誉、权力和认可是非常惬意的。但无论是厨师、银行家、总统还是面包师傅，我们最后都将是被风驱散的一撮尘土。我们唯一可以真正留在地球上的，难道不是一小片额外的视野？

从改变饮食系统的必要性出发

在消费社会中养活自己已经成为一种日常的政治行为。对于三分之二的人类来说，这是以生存为目的的日常行为。科技进步改变了个人生活，对于新一代来说，富足是如此显而易见，以至于我们的精神在污浊的麻木中停滞不前，因为我们确信永不会经历匮乏。尽管一小部分值得称赞的、坚忍不拔的人付诸了行动，但大多数人在面对土壤侵蚀、生物多样性减少、农业化学污染累积、蜂巢毁坏和工业引起的生态灾难等画面和讲话时仍然只是含泪的观众。至于政客，他们展现了太多因自己无能为力而悲怆不已的场景，如在讲话中，在未兑现的诺言中，在微不足道、昙花一现，似乎自己都不相信的行动中，以及在对土地情况令人惊愕的无知中。地球蕴含的资源足够养育所有人；然而，每天仍有超过1.5万名儿童死于饥饿。在发展中国家，每六个儿童中就有一个（即1亿儿童）体重不足，三分之一的儿童发育迟缓。世界粮食计划署（World Food Programme，WFP）估算每年需要32亿美元才能解决世界上6600万学龄儿童的饥饿问题。

荒　谬

如果稍稍用心思考一下我们的工业技术圈，你很快就会发现其荒谬之处和无意义性。北半球消费社会的农用工业经济系统和文化系统受到了根本性的质疑。让我们获得富足饮食的技术，如今却运行不良，变得荒谬。这些应该是唤醒我们觉悟的警示信号，促使我们有所行动。

例如，发达国家对动物蛋白的需求会损害不发达国家必需的植物蛋白生产。生产 1 千克肉需要 10 千克谷物。然而，生产 1 千克谷物需要 400 升水。所以生产 1 千克肉需要 4000 升水。同样，产出 1 千克养殖鱼要牺牲 7 千克野生鱼。野生鱼的捕捞量越大，自然资源消失得越多，就越要倚靠养殖。

我们引起的经济生态方面的荒谬远不止这些。所有的反季节种植都需要大量的燃料以便在温室中以人工方式产生热量。皮埃尔·哈比在他的作品《为地球和人文主义发声》[1] 中讲述了这个很有象征意义的轶事："在 20 世纪 80 年代，一辆装满番茄的卡车离开荷兰开往西班牙。同时，另一辆满载番茄的卡车从西班牙出发运往荷兰。这两辆卡车最后在法国的道路上相撞了！"

联合国粮食及农业组织在一篇关于粮食浪费的报告中估计，每年扔掉的食物有 13 亿吨，即世界粮食产量的三分之一。肯尼亚的四季豆在这方面是很有代表性的。消费者已经习惯了一年四季都在市场上见到它们。但要知道，欧洲的条例在四季豆的外观和大小方面制定了严格的规范。四季豆要去梗，长度为 8 厘米，有微小的瑕疵都会不合格。结果，据我们估算，在采摘的四季豆的

---

[1]　Pierre Rabhi, *Manifeste pour la terre et l'humanisme. Pour une insurrection des consciences*, Arles, Actes Sud, 2008.

过程中，30%—40%的四季豆都被扔掉了！

问题还在不断扩大：经工业化制成的熟食拆掉包装就能食用，然而世界上数亿人仍旧无法果腹。在饮食链条的顶端，高档饮食尤其与此相关。所以高档饮食在全世界推行了众多的措施来对抗这骇人听闻的浪费。例如，雷吉·马孔是法国烹饪协会的创始者之一，他和雅克·马孔（Jacques Marcon）在圣博内莱弗鲁瓦（Saint-Bonnet-le-Froid）有一家三星餐厅，为了循环利用一切，几年前这家餐厅重新改造了。从此以后，每周有750千克的垃圾被处理并以干提取物的形式重新分配给该地区的菜农。

在以食物为主题的2015年米兰世博会期间，马西莫·博图拉（Massimo Bottura）是摩德纳的三星厨师，弗兰奇斯卡纳餐厅（L'Osteria Francescana）的主厨，他强调了通过烹饪剩余食材来解决浪费的必要性。灵魂食物（Food for Soul）项目由此诞生，40多位世界各地的大厨加入了这个计划，其中包括雅尼克·亚兰诺（Yannick Alléno）和法国烹饪协会的其他创始者。

越来越多的食物变得必不可少了。广告投资创造了不必要的需求，这些需求随着广告更新而不断增多，所以食品行业可以借此售卖产品了。我们的机体既过度饱和又缺乏营养成分。现代全球化的饮食和一些病症间的联系，如肥胖或心血管疾病，已经通过科学证明了。

但这并不是全部。许多研究一致指出了会引起内分泌紊乱的物质对健康的影响，这其中就包括酞酸酯和苯酚，它们会出现在一些食品的包装和控制农作物病害的产品中。更严重的是，胎儿、婴儿和低龄儿童对这些物质的敏感度会更高。这些物质会通过扰乱内分泌系统从而影响生殖、新陈代谢的调节、儿童成长或是引起严重早熟（10 岁之前）。我们不会在一顿饭后突然因食物中毒而死亡，一个世纪以前仍有这种情况发生。然而，我们会因工业化食品生产方式中的化学物质和污染物的影响而缓慢、程序性的死亡：垃圾食品可能引起的肥胖、高胆固醇、糖尿病、癌症和压力已经影响了 60% 的美国人和 30% 的欧洲人。

集体麻痹

我们以微小的影响加速了生态系统的神经系统逐渐瘫痪和衰退的过程。温水煮青蛙的实验想必大家不会陌生：若突然将青蛙放入 50℃ 的水中，它会迅速猛烈地一跃逃出灼热的水；相反，若将青蛙先放入冷水中随后逐渐加热，它会安静不动地任由自己被小火烹煮。

我们正在经历温水煮青蛙的过程，慢慢地麻痹，任由自己滑落到一种和缓却已经将我们煮得半熟的迟钝中。负责驱动和调控的官员、跨国公司和政治精英无法放弃他们的短期利益，并且脱离社会和经济现实。关于现实情况严重性的信息和统计仍只是抽象而虚拟的数据，远不是一种与自然的亲密联系，因而不能真正触及我们并迫使我们改变行为方式。自城市化、全球化和食品分配集中化的发展以来，我们在身体上和精神上都离我们吃的食物越来越远。成功地麻木了精神的商业骗术旨在将我们封闭在消费世界这一定局中。如今消费的经济系统声称会填补虚空，但实际上它无限期重新制造了虚空。消费的经济系统基于一种成瘾机制带来的持久沮丧感。生产至上的农业服从股票市场不稳定而投机的法则，它与食品加工业相关，后者旨在统一消费者的口味，通过实现规模经济来优化成本，同时使大规模销售成为常态。这种农业产品通过超级市场实现商业化，而超级市场在世界范围内发起了一场价格战。一切都被广告激活了，它不停地制造新的欲望，新的欲望产生后就会转变成迫切的需求，广告正是这样让所有的人变得千篇一律。

环境法案、道德宪章、对理性消费的呼吁，尽管这些都很必要，但如今仍是远远不够的。我们不可能仅仅通过改变行为方式就扭转日益糟糕的进程。为了人类的未来，重新与自然建立联系是至关重要的，超越了布波族的轶事趣闻、有机潮流、气候带来的情绪骚动以及其他的情感流露——通常肤浅而短暂。我们不可避免地要从根本上重建意识范畴、改变行为和生活方式。只有当我们期望扭转当前局面时，这才可能是一场全球范围内的革命。这就是近来出现的声音以及真知灼见者率领的斗争意义，如皮埃尔·哈比、尼古拉·于洛（Nicolas Hulot）、扬恩·亚瑟－贝特朗（Yann Arthus-Bertrand）和十分具有远见的教皇弗朗索瓦等。

吃不能仅仅为了生存。从今以后还应加上：为了生存，不能不思考所吃的食物。吃成为一种公民行为，一种存在于世界的方式。

▶▷ 100% 环保的套餐

在我的朋友——医学教授让－菲利普·德安的帮助下，我们设计了一顿 100% 生态环保的饭菜，目的是让大家了解只要愿意并接受了相关教育，所有人都可以享用高档美食。

在达到这一目标的方法中，我们制定了一些细则：减少垃圾和浪费、控制碳足迹、选择较短路线并优化交通。

这顿饭菜不使用奢侈原料和生产方式不符合第 21 届联合国气候变化大会目标的原料，因而它应该成为典范。此外，这顿饭的主要构成是谷物、蔬菜、水果、白肉和源自负责任渔业的产品，因而应该成为主流科学界推荐的均衡饮食代表。这个套餐既营养又美味，其整体可改进，但任何一个组成部分都不能去掉。菜肴构成如下：

—— 上阿尔卑斯省的鹰嘴豆、腌制鲭鱼、柠檬鱼子酱

—— 苦菜汤、混合拼盘、朋友面包 [1]

—— 安茹藜麦、野生根部和野生木瓜

—— 居瓦索（Culoiseau）小鸡、凡尔赛城宫花园的南瓜

—— 糖渍柑橘 [米歇尔·巴凯斯（Michel Bachès）种植的新鲜柑橘]、冰沙

总的来说就是：一种鱼、一种白肉、一种豆科、一种谷物、

---

[1]　朋友面包（Pain des Amis）是巴黎面包与思想（Du pain et des idées）面包店的招牌产品，外表酥脆，轻度发酵，现已是注册商标。

十九种水果和蔬菜。

　　鱼：源自小规模捕鱼的鲭鱼不是濒危物种，它含有有益健康的脂质，不含重金属，因为鲭鱼不处在食物链的底端。

　　白肉：这是一种和猪肉一样产出廉价蛋白质的鸡。家禽占了世界上动物肉类消耗的 35% 以上，15 年后这个数字将达到 40%。

　　豆科：鹰嘴豆几千年来一直被熟知，它的蛋白质构成使鹰嘴豆成为地中海周围地区和印度的饮食中不能绕过的食材。

　　谷物：藜麦，种植于安茹的藜麦原产于南美阿尔蒂普拉诺高原。藜麦的蛋白质构成非常出色，Omega-3 脂肪酸、纤维、各种维生素和多酚含量也较高。

　　水果和蔬菜：苦、酸和甜相继出现并形成对比；还含有多种必不可少的维生素和微量营养素。

　　这些均衡而协调的营养源自有机农业或理性农业产品，仅需要种植必需能源的当季食材，它们都出自将交通成本最小化的短距离运输，更不用说良性的捕鱼条件和尊重动物的养殖与屠宰小鸡的条件了。

▶ ▷　小结：可追溯性不透明和标签的欺骗性

"原产法国"……其实产自别国。这就是安德尔－卢瓦尔省洛什市"U 氏超市"（SUPER U）烤牛肉的故事，这些烤牛肉上贴着"原产法国"（5006 批次）的标签，其实来自一头"生于爱尔兰""养殖于爱尔兰""屠宰于爱尔兰"和"分割于英国"的牛，这一切都清楚地标在包装上！ [佩里科·勒加斯（Perico Legasse），《吃饭吧，公民！》（*À table citoyen！*）]

法国 99% 的醋渍小黄瓜来自印度。

70% 的勃艮第蜗牛来自波兰、乌克兰、白俄罗斯和中国，只有 2% 的蜗牛产自法国。"源自勃艮第"说明蜗牛是用大蒜和香芹烹调的。

大部分的巴黎蘑菇进口自东欧、荷兰和美国。卢瓦尔河谷仍有法国产的蘑菇，但是保存在冷冻仓库中。

法国售卖的三分之二的广口瓶装芦笋和三分之一的浓缩番茄酱来自中国。

如今世界上生产的 80% 的大豆都是转基因产品（大豆是动物

饮食的基础）。

法国卖出的普罗旺斯香料（Herbes de Provence）90% 来自摩洛哥、西班牙或波兰。要想买到真正的普罗旺斯香料，就要选择红色标签的产品。

奥斯塔火腿是美国巨头史密斯菲尔德食品公司 [1] 的商标。奥斯塔火腿是在伊泽尔省 [2] 制造的。不要将其与原产地命名保护（AOP）的瓦莱达奥斯塔博塞斯火腿（Vallée d'Aoste Jambon de Bosses）混淆，后者才是真正的意大利山火腿。

芥菜种子来自加拿大（80%）、美国、匈牙利、罗马尼亚和丹麦。法国不产芥菜种子。联合利华（Unilever）是世界上第一大第戎芥末生产商 [马利牌（Maille）和阿莫拉牌（Amora）]。

诺曼底卡蒙贝尔奶酪（Camembert de normandie）1996 年就获得了原产地命名保护（使用未经巴斯德灭菌的诺曼底牛所产牛奶，用长勺模具以传统方法制造），但之后却被"在诺曼底"制造

---

[1] 史密斯菲尔德食品公司（Smithfield Foods）拥有猪肉食品品牌贾斯汀·布里杜（Justin Bridou），香肠品牌（Cochonou），体重管理品牌慧优体（Weight Watchers）。
[2] 意大利瓦莱达奥斯塔大区的法语为"Vallée d'Aoste"，法国伊泽尔省有一个名称同为"Aoste"（欧斯特）的市镇。——译者注

的卡蒙贝尔奶酪超越了。拉克塔利斯集团（Lactalis）和滨海伊西尼（Isigny-sur-Mer）合作社生产了全国90%的卡蒙贝尔奶酪。

卖给法国南部避暑者14欧元一升的普罗旺斯橄榄油实际上来自西班牙。没有一种名为"普罗旺斯橄榄油"的原产地命名保护或是商标。

驴肠和保证"100%科西嘉"的猪肉食品多数由南美猪肉制成。

我们每年每人消耗23千克鸡块，鸡肉主要来自巴西。巴西的养殖和屠宰方式多数是疯狂的（大规模生产，100%转基因饲料，使用抗菌药，家禽增重迅速……）。

在法国，番茄不再生长于露天户外，而是在温室中，且几乎只种植单一品种，因为该品种满足分配需求——西红柿束[1]，一种因粗放经营而大小相似的番茄。露天生长的西红柿保存了有益健康的营养成分，但温室中种植的西红柿只是徒有外表，没有营养。

◉ 烹调后菜肴的可追溯性

在游说集团的压力下，欧盟委员会时至今日一直拒绝必须将

---

[1]　西红柿束，指成簇的番茄，多见于法国超市中，一般一簇6个。——译者注

加工食品成分中肉类的可追溯性透明化。根据欧洲的条例，牛排的牛肉含量不需超过 50% 就可取得"肉碎制成"的标签。其余部分可由胶原、肉皮、脂肪、内脏或腱子肉构成。

欧洲有机标志 AB 减少了法国有机标志 AB 的标准。法国通过创立"bio+"（有机＋）和"Bio Cohérence"（有机一致）的标签进行了回应，这两个标签比欧洲有机标准更为严苛，并重新采用了原法国有机标志 AB 的标准。

土地伦理

我们让自然"失望"了。在征服和绝对控制生物界的强烈意愿下，人类曾认为可以摆脱自然和与其相关的事物，让自然成为服务人类的资源宝库。但同时，我们从普罗米修斯获得的科学知识却在不知不觉中将我们与自然分离。我们在以自我为中心的人类中心论中停滞不前。如何摆脱这种状态？

奥尔多·利奥波德（Aldo Leopold）在 20 世纪 40 年代首次提出了土地伦理的基本原则。20 世纪 80 年代，詹姆斯·洛夫洛克（James Lovelock）谈到了盖亚假说：地球是一个有生命的"超级有机体"（superorganism）；所有生命和生命形式都是互相依赖的；所以整体和各部分的健康都需要一种支持关系——在个人、个人间关系，以及人类和其他生物间关系的层面。1989 年，美国哲学家克利考特于《为土地伦理辩护》（*In Defense of the Land Ethic*）中在这个关键原则的基础上重新提到了利奥波德的理论："凡是有利于维持生物群落的完整性、稳定性和美感的，就是正确的。凡是违背了这一点的，就是错误的。"

　　诸如克利考特和科琳娜·佩吕雄（Corine Pelluchon）的哲学家认为，植物、动物、水和土地与我们一样都属于一个"生物群落"。这种地球伦理不再是人类中心论了，而是以生态为中心。如果我们以生态中心的方式思考，法国人类学家菲利普·德斯科拉（Philippe Descola）在克利考特作品的后记中这样写道，我们就能找到"一种坚实的哲学基础，为的是致力于人类和非人类以争端较少的方式和谐共处，尝试消除人类的不在意和贪婪对全球环境的毁灭性影响，对此人类是第一责任人，因为面对自然时，我们的行动方式与地球社区中其他角色的行动方式毫无可比性"。[1]

　　同样，科琳娜·佩吕雄强调"栖息，就是共同栖息"，与其他文化和其他物种一起。她认为，应该"让人类和其他物种共同生活，以便后者的利益可以包括在共同财富中"。在其主要作品《食物》（*Les Nourritures*）中，她提出让这种生态哲学成为一个"新的社会契约"。她说，应该用一种"关系主体哲学"代替作为核心价值的自主：人权不应再"简单建立在脱离他人和其他生物的个人主体上了"。[2] 她解释道，同样，这一新的社会契约不仅需要为了动物的生存情况规划法律草案，更需要一个政策性计划。"在容忍的能力、表达抗议、个体偏好、伦理和政治问题方面"[3]，动物和我们人类一样。

---

[1]　J. Baird Callicott, *Éthique de la Terre*, Wildproject, 2010; Corine Pelluchon, *Les Nourritures. Philosophie du corps politique*, Paris, Seuil, coll. "L'ordre philosophique", 2015.

[2]　Corine Pelluchon, "Nous devons passer d'une démocratie concurrentielle à une démocratie délibérative"（我们应该从竞争民主转向商议民主）, La Tribune（论坛报）, 2016 年 1 月 3 日：http://www.latribune.fr/opinions/tribunes/nous-devons-passer-d-une-democratie concurrentielle-a-une-democratie-deliberativecorine-pelluchon-539763.html。

[3]　2016 年 6 月 2 日在国民议会举行了题为"动物政治"的令人振奋的研讨会，为了说服自己，我们可以听取一个研讨会片段：https ://www.youtube.com/watch?v=72o SZpMMTJU。

质量的生态机制

至21世纪末，我们的地球将经历规模难以想象的大变动。据预测，2100年地球人口将达112亿，主要集中在城市。气候变化、极端主义暴力行为增多和人口大规模迁移可能会愈演愈烈并让全球失去稳定性。为了应对这些挑战，需要进行一些彻底的改变，一些会撼动我们的思想体系、行为和生活方式的改变。保留昨日的眼光无法解决明天的问题，我们需要换一种视角。在西方国家，如今的饮食问题不是数量问题，更多的是质量问题。然而，质量的概念显得难以把握。

在一切方式中都重数量不重质量是非常败坏声誉的，而这经常是为了欺骗消费者。许多成见，或是别人使我们相信的意见，都应被废止。比如，超级市场中出售的产品都完美地符合统一标准，但质量根本无从谈起。自然中不存在一致，统一标准的高质量始终是真正高质量的反面。欧盟仍采用规定一些水果和蔬菜大小及外观的所谓"高质量"标准。这些产品生来就经得起长途运输、长时间保存，并在价格战中颇具竞争力，它们看起来有多漂亮、多有光泽，尝起来就有多么无味，像含了一口水。想想水耕栽培的巨大的草莓或者血红的西红柿，即为了加速蔬果成熟进程而不使用土壤培植的水果蔬菜，许多人滥用这种方法，为增加产量而不惜损害食材应有的营养成分。因而，这些人破坏、改变了食材。

同样，新鲜食材并不一定是高质量的同义词。要知道很多所谓的"新鲜"食材都大量使用了杀虫剂，且几乎没有营养价值。至于标签和称号，为了使其变得必要且有用，评价标准通常太过复杂，其容忍度直到满足游说集团和社团主义利益为止。矛盾的是，标签和称号的过度增多也是无力主动采用信任和高质量行为的标志。

应该提醒一下，高质量的源头、参考和动力在个体户食品加工业中。为什么？因为在种植、养殖或产品制作中，个体行业都有一种与产业无法分割，且无法忽视的人文附加值。

▶▷ 质量的首要源泉：人际关系质量

人类重点不在于人，而是在于人际关系。很不幸，我们太经常忽视这点了。因未考虑这一现实，我们疯狂地制定、堆砌了许多标准、标签、条例、控制和行政程序，认为这一切可以保护我们并保证高质量。在本应支持创新力和敢作敢为的人时，我们却砌起了高墙。我们生活在一个开放的世界中，质量不是通过操纵感知就能成为行政令的结果和被利用的对象。因为在高质量餐厅、厨房或食材背后，首先都是个人的一段特殊历史、一种激情、一种投入。当你在一个生产者家、在他的食材产出地与他会面，你不需要其他的保证，只需观察他的方法和他承载的故事就可以评估他食材的质量。归属价值群体，认可高质量行为是食材真实性的基石。

质量是一个链条，每个人都有责任。生产者依赖土地，餐厅依赖生产者，消费者依赖自己选择的责任。

为了说明这种人际关系质量会带来什么，让我们来看看法国烹饪协会的两个成员——一位高质量的生产者和一家优质餐厅——将其付诸实践时是怎样的。西尔万·埃伯哈特（Sylvain Erhardt）在自己的地产上种植芦笋，他的地产位于塞纳斯（Senas）的上罗克（Roque-Haute），在阿维尼翁和马赛之间的阿尔皮耶（Les Alpilles）自然公园中心。他习惯将直而美的芦笋送到克里斯多夫·巴齐耶（Christophe Bacquie）主厨在卡斯特雷（Castellet）的餐厅。五月的一天，正值收获季的芦笋遭遇了一周的密斯脱拉强风。芦笋尖弯了——这是因为芦笋迎风的一面比背风面长得慢。芦笋的味道没有任何改变，但样貌却完全不同了。

西尔万·埃伯哈特没有放弃他的芦笋，而是打电话给主厨解释情况。主厨接受了弯曲的芦笋，还花时间给餐厅大厅中的工作人员做出了解释。这样工作人员之后就可以给顾客讲述发生了什么。几周之后，再次来到餐厅的顾客惊讶地看到了餐盘中非常挺拔的芦笋，于是问道这是不是意味着生产地已经不刮密斯脱拉风了……

西尔万·埃伯哈特有时也会收获小个和钩形的芦笋。最初，这些芦笋无法出售到餐厅。他不知道怎样销售，就把芦笋装袋，在市场上低价卖出。直到有一天他带巴黎法国佬（Frenchie）餐厅的主厨格雷戈里·马尔尚（Grégory Marchand）参观自己的土地，马尔尚热衷于食材的选择。他对短而弯的芦笋很感兴趣，于是埃伯哈特讲述了前因后果：如果说这些芦笋不幸没有竖直生长，经常是因为在收割另一颗芦笋的过程中，它们被镰刀轻轻触碰到了。在交流和思考后，法国佬餐厅承诺使用这些不规则的芦笋制作一道菜。几天后，他在餐单上推出了一道招牌菜："不规则的上罗克"。

▶▷　所有人均可享受高质量

与一些成见和简单化的歪曲相反，低微的社会阶层和小餐厅同样也能享受高质量。这是选择和个人责任问题，唯一的先决条件就是拒绝被控制和利用。享受高质量的必要需求有两点，这是绝大多数人都能做到的：尽力探求他人推荐给我们的食物背后的故事，并决定重拾自控力。

购买便宜的食物而没有任何疑问，这就是对自身健康、对子女健康和地球健康完全不负责任。这就是接受让自己闭眼、被安乐死，尽管缓慢但必将如此。要付出何种代价食物的价格才会如此低廉？在营销的背后，别人卖给我们的究竟是什么？当我们真正去了解价格背后是什么时，我们很快就会发现低质量的实际成本始终要高于高质量的成本。以低价吸引人的劣质产品最终会让我们付出更高昂的代价。经济上最脆弱的人是被操纵的首要目标。

一个例子：在一家价格很低的超级市场购买牛排、鸡肉或工业生产的鱼，再在一家由个体生产商供应食材的小商店中购买同样的产品。你实际付给超市的钱可能比小商店少20%，但是在烹饪的时候，你会发现超市购买的食材会在入水时失去30%的重量，但小商店中的食材却能整体保留。结论：工业化制成产品价格虽低，但最终你付出的却比购买个体户的高质量产品要多。

我谈论的并不是经济损失和健康损害，也不是个体业烹饪的遗产和我们所属环境的毁坏。此外，当你购买并消费低价肉类时，你消费的始终是动物的痛苦。为什么？"因为正如佩里科·勒加斯所说，低价总是掩盖着偷窃或违法 [……]。在工厂中制作的饭菜其原料低价，种植中使用草甘膦类除草剂——农达（Roundup），成熟后由廉价雇佣的工人收割，制成后产品充满氢化油脂，随后在超级市场中售卖，购买后放入微波炉加热即熟，消费者在电视机前配上苏打水 5 分钟就可将其一扫而光。但这样的饭菜对领取最低工资的人来说在金钱、时间和药物花费上，其成本都比花 10 分钟用新鲜韭葱和有机鸡蛋制作的煎蛋或韭葱汤要高多了。"[1]

要重新强调：品质不是钱的问题。这更是一件与意识和行为改变有关的事情。每个人都可以决定尝试去理解并改变自己的几个习惯。比如，选择用另一种方式购物：更注重好奇和乐趣，与

---

[1] Périco Légasse, *À table citoyens ! Pour échapper à la malbouffe et sauver nos paysans*, Paris, Cerf, coll, Le poing sur la table, 2016.

自己居住区中的小商贩进行交流、探索市场并了解食材的来源。这对于所有人来说，益处都是巨大的。

此外，我们也不一定每周要吃几次肉——对预算单薄的人来说，这种"必要"意味着低价购买劣质肉。我们可以决定一周购买一次优质肉类。这样花费更少，味道更好，更有益健康，有益地球，还支持了本土的手工制作业。正如提耶里·马克思主厨很乐于说的："品质不是对贫穷的侮辱，而是对平庸的侮辱。"

▶▷　只有在全球范围内培育品质意识才能使品质永存

当美食涉及品质时，布里亚－萨瓦兰说，其目的是"通过尽可能优质的食物确保人类的繁衍"。自此我们便明白了这种措施只能是全球范围且系统的。要想严肃地谈论品质，我们必须要从被我称作"品质基础上的社会饮食模型"的五个组成部分入手：健康、文化、经济、社会和环境。这五个部分密切联系并且相互影响。在为实现高质量饮食社会的战役中，应该是我们，作为食物供应商的我们，去动员广大民众。我说这番话的目的在于"战役"，因为要想打破惰性和当前系统的利益逻辑，就需要建立新的力量对比。我们需要同时正面地从以下五个方面着手。

◉ 回答有关人类健康的基本需求问题

这些需求分两类：有关营养和人际关系。美食在保护和改善健康方面有重要作用。在营养方面，关于食物及其构成的研究对于保障身体健全和免疫起着决定性作用；在人际关系方面，吃这种行为将自己向世界、向他人敞开。若我们将所吃食物纳入社交、共情和愉悦的关系中，那么食物对健康的影响将会更大。面对不断出现的食品丑闻，当务之急是推动餐盘中的食物流程透明化，全体专业人员和公民消费者必须要求实现分配流程和餐厅中食物的可追溯性。

应该吃得更少，但更好，优先注重食物的来源。超级市场中的食材在成熟前采摘，并且为了抵抗从产地到餐盘的几千千米的长途运输，不得不使用防腐剂；与其去超级市场中购买这样的食材，不如向小生产者购买高质量食材。应该优先购买最新鲜、最健康、最近的食材，同时还要了解其生产方式。这只是个精神状态问题，每个人都能做到，应该也必须这样做。这对我们自身健康和地球健康都有好处。基本原则是少脂肪、少盐、少糖、少蛋白质。我们开始了新的"饮食转变"，应该协调菜肴和健康二者之间的关系。

◉ 推动多样性的文化模式

现行的统一模式以食品加工业跨国公司为代表，而多样性的文化模式是一种代替方案。美食的价值建立在多样性基础上。饮食模式的多样性对我们的未来是至关重要的，多样性也是文化遗产财富、创造力和创新力传承的源泉。我们有责任传承并发展美食文化、饮食艺术和餐桌艺术。这是与每个人都相关的教育和动员工作。

我的美食观念是由衷尊重土地上与处于产出国文化中的食材。在尊重食材特性的基础上，我根据自身技艺将其"体系化"以便让更多人接触到。通过传授另一种人际关系，饮食为宾客提供了一种发现世界的方式。这一措施同样应该让餐厅中的顾客关注食物质量和交际质量。世界饮食遗产属于我们"共同的家"，并应该得到不断丰富。这种意识促进了人与土地关系本质的改变。

如今我最不满的是"供应过度"。一切都太多了，媒体和产业营销的力量使我们被过度关注、过度灌输，还遭受了信息轰炸。简单行事变得复杂了。看看一捆甜菜：简单而美丽。我无条件地热爱自然的美和多样性。当我在世界旅行时，我很乐意像探险家一样执着地追求最好。吸引我的不一定是最美的，但一定是最可口的，我发现的食材一定是"人类的结果"。每次我们吃人工种植、捕捞、养殖或制作的食材，都是向在自然中劳作而未将其破坏的男男女女表示敬意。

◉ 发展品质经济

我们迫切地需要通过大量个人倡议，发展多样性基础上的经济体系，应该从注重数量、经济效益目的的生产本位主义转变为注重质量、社会效益的人文经济。如今，世界上 75% 的食物生产于与生物圈和谐共存的非工业化生产。联合国以及联合国粮农组织的所有研究一致表明，传统技术可以极大地优化生产力，并且甚至在 2050 年后都可以在保持生物多样性的同时养活全球人口。

但同时，剩余 25% 的食物集中在跨国公司手中，他们的生产过程每天都会对生物多样性和人文价值造成毁坏。农业的目的不是生产，而是养活人类。

我认为品质首先要服务于现有遗产的发展与丰富。我们可以促进建立在品质经济基础上的新社会模式的出现，品质经济支持并注重一切创造人文附加值、把主动回收利用的理念纳入生产和消费结果的行为。

低价碾压了生产商的利润，降低了产品质量，怎样对抗这种低价趋势？本地化生产代表并传承着土地和季节多样性的财富，怎样支持本地化生产？怎样重建生产者与消费者间的联系以及生产商—餐厅—顾客这一"品质链条"？这些都是有高额人文附加值的唯意志主义经济政策的中心问题，因为人文附加值是长久保持优异表现的首要条件。

◉ 推广源自行业个体户的食品品质理念

在社会层面，我始终难以理解为什么在厨房和餐厅大厅中创造工作岗位的人损失最大。当用工成本和税费占到了总开支的

45% 时，怎样才能保证餐饮业个体户继续完成高质量的工作？经济的迫切需要与重新创造生产者、餐厅经营者和顾客间紧密的社会联系不谋而合。

本着这一支持餐厅质量的目标，法国烹饪协会内一个由阿兰·杜都尔涅（Alain Dutournier）主持的工作委员会提出了一项简单、公正而有效的原则：在营业额相等的情况下，应该在财务和社会方面支持合格员工比例最高、能够实现高质量个体户餐饮的餐厅，而不是支持"加热器"，它们售卖工业化制成的半成品。顾客应该知道，多数情况下菜单上菜品越多，厨房工作越少。也许某天我们应该创造一个"品质社会称号"，以表彰在这条道路上努力的人，同样营业额下企业创新和存活的高风险以及高就业创造率终有一天会被看到、被认可、被突出，成为传承、竞争力和未来的独特来源。

另一个应该紧急打响的战役，我们已经谈到了：教育年轻人，让他们有成为接班人的渴望。这涉及与烹饪相关的职业，还有提高餐厅服务人员的价值，他们是服务、好客、交际和高质量餐饮的基石之一。

　　许多农民如今感到不得不追随工业化农业的道路。我们让他们习惯性地认为，若要在国际市场上保持竞争力，就应该不停地加大投入，使种植和养殖系统专门化，以在农工业和大型超市的标准下大规模生产。然而，面对低价竞争，对低档商品出口补贴并未带来多少效益。在法国，用玉米和巴西大豆喂养的鸡不得不追随巴西进口鸡的价格，而巴西生产的社会成本与法国的成本不可同日而语。

　　唯一成功获得应有酬劳的生产商是选择跳出体制，钻研高质量附加值产品的人。所以，当传统的生猪养殖者经历危机时，一些人，并且人数越来越多，比如菲利普·穆罗（Philippe Moureau），成功改变了策略和经济模式。从事此行业 26 年后，他和妻子阿梅勒一起转向了有机食品业，并且他们做得很好。菲利普·穆罗维持了售价的稳定，售价通过合同制定且相对较高（每千克 3.5 欧元，集约养殖则价格为每千克 1.4 欧元）。

　　在此我同意巴黎高科农业学院（AgroParisTech）名誉教授马克·杜弗米尔（Marc Dufumier）的观点：应该重新制定共同农业政策（PAC）并"促进少工业化的农业发展"，即"更个体化"。

因此，要"重新制定共同农业政策的帮助导向"。如今，共同农业政策的资助根据面积进行。集约农业局限了农民并日益将他们变成囚徒，与其补助集约农业，筹奖鼓励那些促进了人文和环境附加值创造的人不是更可取？这应是一笔常规之外、根据为集体提供的服务而奖励的酬金（不是资助！）。这些资金应该合理地从杀虫剂与合成氮肥的税费中抽取，后者消耗化石能源且排放过多的温室气体。简言之，合成氮肥拥有一切加剧健康恶化和环境毁坏的特性。

◉ 将人类置于自然的中心，让自然走近人类

这里涉及质疑已被广泛接受的概念——为人类所用、作为"资源"的自然概念。2050 年世界人口将达到 100 亿，我们会有足够的土地来养活人口吗？这意味着在未来的 35 年中，世界粮食产量要增加 60%。然而，耗尽土地肥力的化肥、杀真菌剂和杀虫剂使产量在过去的 50 年中增加了 40%。但是，联合国粮食及农业组织仍寄希望于增加产量来养活全球人口。如今的问题是产量达到了较高水平——在亚洲和发达国家均是如此——但这破坏了生物多

样性、打破了群落生境[1]平衡，进而破坏了生物圈，不久的将来，产量的增长也即将达到上限。每年，世界上 600 万–700 万公顷的土地变得贫瘠。1977 年，荒漠化侵蚀了 44% 的陆地；2000 年，这个数字超过了 63%。

我们已经说过，低价售卖的产品实际上非常昂贵，因为还要算入滨海地带大量繁殖的绿藻带来的饮用水去污染成本、杀虫剂引起的疾病、含水层的下降、蜜蜂的超高死亡率，以及劣质生产导致的南半球手工文化模式的毁坏。

绿色食品是解决这个恶性循环的核心。支持本地生产、交通路程较短的高品质产品业，就是设想了一个新的经济和生产模型。比如，提高都市农业和"城市乡村"的价值似乎是紧急任务，并且一些国家也已经开始行动，但在法国，这些倡议通常还停留在超本地化、积极的试验阶段。

"我们应该将城市建在乡村中，因为乡村的空气更加洁净！"阿尔封斯·阿莱（Alphonse Allais）曾这样写道。如今我们也

---

[1]　群落生境（Biotope，希腊语意为 bios 生命 +topos 地点）是群落生物生活的空间，是生态系统中可划分的空间单位。生态系统是群落和群落生境的系统性相互作用。

许可以说："应该把乡村建在城市中，因为在乡村我们吃得更好！"2050 年，世界上城市居民的数量将翻倍；2030 年，仅中国一个国家就将建造 2 万–5 万栋高楼大厦，其中生活的人口数量等同于纽约。未来几年巨大变化的核心就是城市化的持续快速发展。养育 70 亿人口而不使用拖拉机、杀虫剂和化肥，日本、新加坡、纽约、蒙特利尔和如今巴黎的"城市耕作者"都在致力于应对这一挑战，旨在探索新型"都市"农业。

城市中的钢筋水泥和被严重污染的空气加速了这样一种重要需求的出现：重新找寻与自然和自然中产品的直接联系，而不仅仅是离开城市。20 世纪初，80% 的城市食物供应来自周边。都市农业的出现对社会发展而言是不可逆转且必不可少的趋势。这是一条战线，旨在促进多样性、与土地重新建立联系，但同时反对摧毁食品加工业。都市农业不会替代乡村的传统农业；相反，城市农业会成为补充，保护我们的个体户饮食遗产。

在纽约，屋顶上的城市农场如雨后春笋般出现，总面积达到了 1 万平方米。布鲁克林农场（Brooklyn Grange）自夸是世界上最大的都市农场，自 2010 年以来，一直在其土地上实践有机种植，且每年在皇后区（Queens）的两个屋顶上生产 2.5 万千克有机水果和蔬菜。在魁北克的蒙特利尔，路法农场公司（Lufa Farms）2011 年起在屋顶设立了一个 2800 平方米的菜园。其产量是夏季每日 700 千克蔬菜，冬季减半。这个菜园可以养育 6500 人。在这方面，巴黎与其他大都市相比处于落后地位。但是，巴黎市政府表明了意愿：到 2020 年，将 33 公顷的面积贡献给都市农业。要知道，2016 年巴黎只有 14 个屋顶共计 1.2 公顷的面积用于都市农业耕种。

随着这场运动的不断扩大与发展，一个问题始终存在：每年市郊大片的耕地都牺牲给城市化了。一片建造过房屋的土地就再也不能种植蔬菜了。我不认为这是必然。不论我们的工作领域是什么，应该是作为公民的我们来意识到这个问题并动员大家思考解决方案并督促当地市政官员。

关于这个问题，让我来讲一件趣事。距法兰西体育场（Stade de France）350 米的圣但尼（Saint-Denis）是巴黎最后一块菜地，面积是 7—9 公顷。这片属于圣但尼的土地由布列塔尼农民耕种，他们三四代人都是菜农，在这里已经超过 90 年了。他们悲伤地预测到了种植的终结，这片肥沃的土地一直被开发商觊觎，注定会被混凝土覆盖。正是奥利维耶·达纳（Olivier Darné）——我不久前认识的养蜂人，给我预告了这一危险。奥利维耶选择与妻子和孩子安顿在圣但尼的一个小屋中，他的生活就是养蜂。我们的担忧是相同的：失去森林、失去蜜蜂、失去地球。

一天，奥利维耶跟我说去见见巴黎最后的菜农。我们在一个简朴但又十分整洁的屋中，桌子上铺了很厚且打了蜡的桌布，我们围坐在桌旁喝咖啡。接待我们的菜农让我想起直到 19 世纪末，巴黎的蔬菜还可以自给自足，也想到如今废弃掉首都之门的优质耕种土地是荒谬的，因为此时大城市都在尽力让农业回归城市。

突然，一阵轰鸣盖过了我们的声音。从窗户的另一端，我们看到一辆来自荷兰的两节车厢的半挂车停到了房子对面的车库中。在几分钟的时间里，我们惊讶地看到几辆日本品牌的叉车卸载了几吨荷兰生菜作物。

我问菜农他是怎样工作的，以及雇用多少人。"啊，杜卡斯先生！"他开始说道，"我们基本上一年花 8 个月在菜地里种生菜、小红萝卜和其他蔬菜。因为找不到愿意做这项工作的人，我们雇两大客车的塞尔维亚人来进行收割。在正值收获的季节他们住在廉租房中，收割结束后他们就回国"。我若有所思。距贝尔西（Bercy）直线距离约 900 米的此地生长着许多荷兰的菜蔬，而且需要借助塞尔维亚的劳动力来收获位于巴黎边缘的最后一块耕地，然而这个市镇的失业率却在 18%—23%。

喝完咖啡后，我邀请奥利维耶·达纳、圣但尼市长和雅克-安东尼·格兰让（Jacques-Antoine Granjon）共进晚餐，后者是限时折扣网站私卖会（Vente-Privee.com）的总裁及创始人，私卖会总部位于塞纳-圣但尼省。我们建议市长让市议会通过一项决议，将这些土地贡献给菜农 50 年，且不得转让。为了以朴门学的理念重新开发这些土地，我让夏尔·埃尔维-格吕耶和佩里娜·埃尔维-格吕耶对此进行了关注，他们是勒贝克埃卢安农场[1]的设计者。我们想与雅克-安东尼·格兰让一起在附近创立一家素食餐厅，食材由当地菜园提供。

我不知道我们是否会成功，但可以确定的是，如果不尝试就不可能成功。只要我们相信能够改变世界，那么在日常生活中，

---

[1] 见第三章。

每个人都能有所行动。我们不能选择无所作为。

现在我们距科技和商业概念，或有关质量的标准条例有千里之遥。我们并不是要将其丢弃，而是将它们纳入一个更广阔、更具抱负的系统中，并最后超越它们。在这个系统的中心有一个至今都被我们忽视的方面：人际关系和人与其他生物的关系。在这个系统中，考虑后代的利益就是考虑我们自身，也是考虑养育我们、让我们走到今天的人，以及我们的前辈——他们的双手已经不在这里指导我们了。

在拉沙洛斯，我的祖母曾每周日都让我们在蓝色木质小百叶窗后静静地品尝世界，这种生活的激情每日都使我兴奋不已，如今我也到了她当时的年纪。我希望能以我的方式，通过这本书，让你品尝到些许激情，同时也促使你维持这样一种渴望：换一种方式生活、烹饪、行动、存在于地球。

结　论
公民美食宣言[1]

　　"但是"，爱丽丝说，"如果说世界没有意义，谁阻止了我们创造意义？"

—— 刘易斯·卡罗尔（Lewis Carroll）

《爱丽丝梦游仙境》

---

[1]　http://www.manger-est-un-acte-citoyen.org/.

前面众多的小故事说明通过公投使英国脱欧可能是 2012 年，首相戴维·卡梅伦（David Cameron）、内阁幕僚长黎伟略（Edward Llewellyn）和前任外交大臣威廉·黑格（William Hague）在芝加哥机场的快餐店吃不冷不热的披萨时想到的。如果那天他们吃得好一些，欧洲的命运是否会有所改变？我们无从知晓。但我们知道 1973 年英国加入欧共体后英国人的饮食口味有了巨大的变化。43 年后，在英国决定脱欧的那天，社交网络上有一张既滑稽又令人悲伤的照片[1]：在一张浅色木桌上，一边放了法国的葡萄和红酒、德国香肠、意大利面、希腊甜点和其他欧洲美食，另一边是一碗可怜的四季豆和马麦酱（Marmite），它们被遗忘在角落里。政治选择明显会影响饮食业和美食：英国脱欧后，法国的出口额可能会减少 5 亿欧元。受影响最大的可能是红酒、奶制品和面包糕点业，但这些仅仅是预测。未来会告诉我们英国脱欧对欧洲食品加工业和美食的具体影响。

　　但可以确定的是，美食也是一项重要的政治手段。我们不是始终可以通过选票让我们的声音被听到。但是通过选择食物以及做出这种选择的原因，我们手中就握有了强大的直接民主力量。吃饭时，我们不能再不考虑吃什么或者不在意所吃的食物了。拒绝让自己任由一个垂死的系统毒害是一个个人自由问题，这一体系已经失去意义，就像一只令人同情的无头鸭，它继续向前跑但却不知道将把我们带往何处。在各种他人想骗我们吃下的食物面

---

[1]　这些信息源自吕克·维诺格拉多夫（Luc Vinogradoff）的文章《食物的脱欧》（*Le Brexit de la nourriture*），该文章 2016 年 6 月 30 日发表于世界报博客：http://www.lemonde.fr/bigbrowser/article/2016/06/30/le-brexit-de-la-nourriture-hautement symbolique-et-horriblement-technique_4961026_4832693.html。

前，如果我们决定睁开眼睛而不是被动地张开嘴，我们就可以拯救自己，不让只在乎短期利益的人得利。是的，我们应该重新认识所吃的食物，并让自己有在完全清醒状态下进行选择的意愿。因为，如果"吃什么我们就是什么"，并且我们不再了解我们吃的是什么，那么我们也就不再知道自己是谁了……

在这种意识中，厨师有着特别的作用。我们有幸从事一项充满激情、愉悦，且世代传承的职业。但这种幸运也带给我们新的责任——从某种意义上说，就是成为人类的摆渡人。我们职业的味道、美食观应该促使我们传承食材的历史、渊源和对食材的认识，为的是丰富地球上的地区多样性、产生人类交际的空间。

让我们一起下定决心，推翻桌子！

人文主义美食普世宣言

走向乡土欧洲

　　当下的欧洲每日都在呼喊自身无力，面临着与实体经济脱节的国际金融压力，这时我们不应该促进一种人文政治观念的出现吗？一种全体欧洲公民和建设世界未来的公民都应怀有的观念。在欧洲民族的界限之外存在一种乡土认同，其中包括人与土地的重新联系，以及建立在多样性基础上的全球化观念。

国际动员：建立新的社会契约

与我一起工作的男男女女都是非凡的，且他们的生活轨迹都大相径庭。但我们都有一个迫切的渴望：动员所有具有共同饮食价值观和对饮食问题看法相同的人，无论他们是从业人员还是公民消费者。

考虑到法国的历史、实践和巨大的优势——即土地和食材的宝库，法国在这场战役中具有主要职责。在法国之外，在如今开放、相互联系的世界中，我们可以就此动员国际社会。这种共享饮食呼吁想要投入其中的人团结起来，通过饮食文化，促进新人际关系的发展。

▶▷　人文主义饮食的权利和义务

若我们改变对饮食的看法，并仔细考虑受饮食影响和饮食中的人文领域，我们就可以共同为这一计划的展开创立基础。事实上，就是要定义一些共同原则，让每个人都能为新的世界做出自己的贡献。

我们向所有怀有美好意愿的人发出呼吁，他们意识到饮食在建造未来世界中发挥着主要作用。我们建议社会中各个领域的人物都参与到人文主义美食普世宣言的起草和执行中。这本书是一个起点，唯一的目的就是在所有领域动员从业人员和公民，并让我们理解"吃意味着什么"在当今世界的意义。

之后，该宣言的首稿可以源自公民消费者在互联网上的贡献——互联网上将有一个专门的网站来收集建议并宣传法国和世界其他国家的相关倡议，这让人文主义饮食的愿望得以实现。

为发起这一计划，我们提出了五项最重要的基本条款。每项条款中权利必然意味着义务。其中的权利支持人文主义饮食的世界观，相关机构和从业人员的责任和投入正是建立在这一世界观的基础上。义务则定义了每个公民消费者的责任和投入。

条款一

所有人都有权了解食材信息、掌握食材清晰而透明的可追溯性

所有人都应要求获得相关信息，掌握可追溯性，即详尽、清楚、简单明了地介绍食材来源，生产、养殖或制作方式。

揭露标签的骗局和操纵。辨别市场营销的合法计谋，这些计谋迷惑了消费者的感官。

每个人都应了解信息并为自己的选择负责

完全意识到个人饮食的选择对自身健康，以及经济、社会、文化和生态环境的影响。

在完全知情的情况下选择食材和食材流通路线。

条款二

所有人都有权利接受味觉教育

要使每个公民都能接触味觉文化，这种会促进健康和多样性的方法可以对抗工业化食品制造中统一的味道。

学校要尽可能早地对儿童进行味觉教育。

每个人都有义务培育自身的感官，有义务学习和传承

通过味道促进所有感官的觉醒，领略世界的味道。

教会孩子发现味道和多样的饮食方式。

条款三

所有人都有权利与乡土和土地建立联系

促进乡土、文化以及世界饮食的多样性。

重新将城市与自然联系起来。保留城市周围的耕地。

每个人都有义务尊重和保护土地及其节律

优先购买当季和当地食材。

学会尊重土地和自然规律，为了更好地养育自己、人类并保护未来。

条款四

所有人都有权利保护并改善人类健康，人类健康与生物世界的健康息息相关——无论是动物还是植物

促进生态农业发展，处罚破坏生物圈的工业化农业。

促进并支持普及高质量食材的行动。

每个人都有义务致力于保护生物多样性

通过连续的行动及其影响做出个人贡献。

让自己周围尽可能多的人意识到保护生物多样性的意义并促使他们付诸行动。

条款五

所有人都有权利体验用餐的愉悦和餐饮中的社交

支持并重视每种食材背后的生产商和餐厅经营者，他们讲述着一个人类的故事、一个充满激情的故事。

围绕社会各个阶层的饮食，发展一种多样、共情和交际的探索文化。

每个人都有义务将自身行为向着相异性和共享的方向发展

接纳饮食多样性，以建立新的全球社会联系。

围绕饭菜培养一种共同乐趣——即交际、好客和传递，以发展可以促进创新创造价值的关系。

致　谢

改变人类并不能改变世界，改变世界需要改变人际关系的本质。我们深信饮食可以帮助我们对抗新形势的暴力、无礼和野蛮，这是共情文明的远景。餐桌足够大，可以在宴会上迎接大家。来吧，接下来需要我们中的每个人都来探索这片人类的新大陆：人文主义饮食。

感谢我所有的亲密合作者以及所有的餐厅团队，无论是在厨房中还是在大厅中，你们代表着我们的事业，并且每天都在世界各地、在顾客周边展现着卓越。

感谢所有法国烹饪协会的同事，你们光辉地承载着人文主义饮食的价值。

感谢所有个体户、艺术家和服务提供者，你们将自身技艺和职业激情分享给我们。

感谢"Éditions les Liens qui libèrent"出版社的领导亨利·特吕贝尔（Henri Trubert）和苏菲·马里诺布鲁斯（Sophie Marinopoulos），感谢你们的付出。

感谢埃马纽埃尔·佩里耶（Emmanuelle Perrier）、保罗·内拉（Paule Neyrat）和皮埃尔·塔雄（Pierre Tachon），感谢你们的照顾、恰到好处的帮助和忠诚。

感谢我的家庭，感谢他们长久以来的支持。

附　录

法国烹饪协会

法国烹饪协会[1]系由数位国际闻名的法国大厨[2]根据1901年

[1]　www.college-culinaire-de-france.fr.

[2]　法国烹饪协会的创办者和共同发起人如下：

创办者：阿兰·杜卡斯、乔尔·卢布松、保罗·博古斯、米歇尔·盖拉德、皮埃尔·特
鲁瓦格罗、雅尼克·亚兰诺、阿兰·杜都尔涅、吉勒·古戎（Gilles Goujon）、保罗·哈
柏林、雷吉·马孔、提耶里·马克思、热拉尔德·帕斯达（Gérald Passédat）、洛朗·珀
蒂（Laurent Petit）、安娜－苏菲·皮克（Anne-Sophie Pic）、盖伊·萨沃伊。

共同发起人：弗雷德里克·安东（Frédéric Anton）、克里斯托夫·巴基耶（Christophe
Bacquié）、乔治·布朗（George Blanc）、埃里克·布里法（Eric Briffard）、阿尔诺·东凯
勒（Arnaud Donckele）、艾瑞克·佛莱匈 (Eric Frechon)、斯特凡纳·热戈（Stéphane Jégo）、
让－乔治·克莱因（Jean-Georges Klein）、埃里克·帕斯（Éric Pras）、埃马纽埃尔·雷诺
（Emmanuel Renault）、米歇尔·罗斯（Michel Roth）、马修·维尔内 (Mathieu Viannay)。

的法令所创立，这个非营利性协会的使命是在法国和世界宣传高质量饮食。法国烹饪协会促进了法国文化和法国饮食经济的发扬，也有利于开发和重视世界上各种饮食文化。

法国烹饪协会是唯一经济上完全独立于任何行会、政治团体和食品加工组织的协会。

受法国烹饪协会认证的优质餐厅称号以及优秀个体户生产商称号在 2017 年聚集了超过 2000 名具有同样价值观、实践着同样方法的从业人员。

这种称号是一场积极的运动，它聚集了致力于代表、促进和分享职业激情的人，为的是能让作为财富的个体户餐饮业不断传承、开拓未来。

这是唯一一个将全法国的优质餐厅以及优秀个体户生产商聚集在同一网络中并让其发挥协调作用的称号。

优质餐厅以及优秀个体户生产商有同样的信条：

- 没有优质食材就没有优质菜肴。
- 若食材来源、养殖、种植方法不透明，就没有优质食材。
- 在每种优质食材和优质餐厅的背后，都有关于一个人和一片乡土的故事。

每个餐厅经营者和优秀个体户生产商——不论类别、大餐厅还是小餐厅、大生产商还是小生产者，都有一个要讲述的故事，即关于身份和职业中实践的故事。他们这样定义自己，并这样行动：

- 这是对优质食材富有激情的人

在食材和菜肴背后，他代表着一段人类的历史

他推动人工养殖、种植、制作方法的使用

他追寻季节和营养的真正味道

- 这是致力于餐盘食物透明化的人

食材来源透明

生产方式透明

烹饪过程和厨师信息透明